高职设施农业技术专业系列教材
国家骨干高职院校建设项目成果

农业化学应用

主　编　龚建军
副主编　蔡　飞

西北工業大學出版社

【内容简介】 本书是依据当前高等职业教育的实际需要编写的。本书吸纳了国内同类教材的精华和近几年来土壤与肥料科研及教学方面的最新研究成果，以项目引领课程内容，以具体生产任务为载体，详细介绍了土壤与肥料的基本知识。在编写过程中力求概念明确、文字简练，体现实用性、创新性，注重培养学生的实际操作能力。

本书可作为高等职业教育相关专业的教材，也可供从事农业化学应用方面的专业人员参考学习。

图书在版编目(CIP)数据

农业化学应用 / 龚建军主编. —西安：西北工业大学出版社，2015.2

ISBN 978-7-5612-4329-9

Ⅰ. ①农… Ⅱ. ①龚… Ⅲ. ①农业化学—高等职业教育—教材 Ⅳ. ①S13

中国版本图书馆CIP数据核字(2015)第041407号

出版发行：西北工业大学出版社
通信地址：西安市友谊西路127号　　邮编：710072
电　　话：(029) 88493844　88491757
网　　址：www.nwpup.com
印 刷 者：西安永安环保科技有限公司
开　　本：787 mm×1 092 mm　1/16
印　　张：13
字　　数：215千字
版　　次：2015年4月第1版　　2015年4月第1次印刷
定　　价：27.00元

前 言

土壤是人类最早开发利用的生产资料，是人类赖以生存的物质基础和宝贵财富的源泉。与水和空气一样，土壤既是生产食物、纤维及各种其他农林产品不可替代的自然资源，又是保持地球生命活性、维护整个人类社会和生物圈共同繁荣的基础。因为土壤的形成和更新速度非常缓慢，而土壤的质量却有可能在极短的时间内受到破坏。因此，合理开发、利用和保护土壤资源是全人类所面临的一项迫切而又长期的任务。

农业化学以土壤为基础，以植物营养为中心，以肥料为手段，讨论三者之间的关系。掌握土壤、肥料、植物营养的基本知识及相互关系，就可以科学地管理土壤，保持和恢复土壤生态系统的养分循环与平衡，避免人类活动对生态环境的不利影响，使植物健壮地生长发育，满足人类生存和发展的需求。

农业化学应用是高等职业教育农业、林业类专业的一门重要的岗位基础课程。本书的编写主要依据当前高等职业教育的实际需要，吸纳了国内同类教材的精华和近几年来土壤与肥料科研及教学方面的最新研究成果，以项目引领课程内容，具体生产任务为载体，详细介绍了土壤与肥料的基本知识。在编写过程中，力求概念明确、文字简练，体现实用性、创新性，注重培养学生的实际操作能力。理论教学部分主要包括土壤的物质组成、土壤的物理性质、土壤的化学性质、土壤肥力因素、我国主要土壤类型、化学肥料、有机肥料、施肥技术及施肥原理等内容。实践教学部分有教学实验和实训等内容。

因此，土壤、植物营养与施肥对于农业生产与管理工作都是十分重要的内容，为此我们编写了本书。全书分为八个项目，项目一、三、四、七、八由龚建军编写，项目二、五、六由蔡飞编写。全书由龚建军统稿。

在本书的编写过程中，参阅了不少国内外有关方面的专著和文献资料，在此，向原作者表示衷心的感谢。

由于水平有限，书中错误和疏漏在所难免，敬请各使用院校和读者给予批评指正。

编 者

2014 年 10 月

目 录

项目一

土壤组成与识别

【任务】

掌握土壤、肥料、土壤肥力的概念;土壤组成、作用、工作内容;肥料种类。

【能力目标】

1. 能简单描述土壤、肥料、土壤肥力的概念;

2. 能正确地指出土壤组成、作用、工作内容;

3. 能指出肥料种类、工作内容;

4. 掌握岩石、矿物的概念,岩石矿物风化的方式。

【任务分析】

每4~5人为一个学习组,由一人负责,统筹安排查阅资料并整理,学习组一起讨论,围绕土壤组成与识别制作汇报材料,期间提出存在的疑问,教师引导答疑。

【工作过程】

1. 资料查阅

学习组成员根据给定的工作任务在图书馆、互联网上搜索相关概念及土壤肥料在农业生产中的应用并整理。

2. 资料汇总,制作汇报材料

(1)将所搜集的材料按照类别进行汇总;

(2)指导学生进行当地土壤类型、生产性能调查,制作完成汇报材料。

3. 汇报,交流

组织各组进行汇报,提问、交流。

一、土壤在农业生产和生态系统中的重要性

(1)农业生产的基地和农业生产中物质与能量循环的枢纽

农业生产由植物生产(种植业)、动物生产(养殖业)、土壤管理三个环节所组成。

绿色植物的生活要素：日光（光能）、热量（热能）、空气（CO_2 和 O_2）、水分、养料，其中水分和养料主要通过植物根系从土壤中吸收，土壤是植物生长的水分、养分的提供者，同时，土壤为植物生长的机械支撑者。

动物生产以植物生产为基础。

土壤管理使得农业生产中物质与能量循环利用。

(2) 土壤是生态系统的重要组成部分

生态系统：植物、动物、微生物加上它们生存的环境的集合体称之为生态系统。

地球表层系统有大气圈、水圈、土壤圈、岩石圈和生物圈等五个圈层组成。其中土壤圈处于其他圈层相互紧密交接的的地带，构成了结合无机界和有机界的中心环节。

土壤是农业生态系统中重要组成，是生物与非生物环境的分界面，是生物与非生物体进行物质与能量移动，转化的重要介质和枢纽。

(3) 土壤是自然界中最珍贵的自然资源

土壤具有再生作用，是可以再利用的资源；土壤资源数量有限；土壤资源质量可变性；土壤资源空间分布上固定。

因此把“十分珍惜，合理利用土地和切实保护耕地”作为我国的一项基本国策来抓。

二、土壤、土壤肥力和肥料的基本概念

1. 土壤的概念

土壤是指覆盖于地球表面，具有肥力特征，能够生长绿色植物的疏松表层。

内涵：“地球表面”是指土壤的位置，“疏松”是指其物理状态，以区别于坚硬整块的岩石。“生长绿色植物”是土壤的功能。

土壤之所以“能够生长绿色植物”，主要是由于有肥力。任何一种土壤均具有一定的肥力，只是高低不同，因此土壤与土壤肥力的概念密切相关，肥力是土壤的本质。

2. 土壤肥力的概念

西方土壤学家，传统地将土壤供应养料的能力称为土壤肥力。土壤肥力即包括水分、养分、空气和温度（水、肥、气、热）四个肥力因素。土壤中只有这四大肥力因素同时存在，而且处于相互协调状态时，才能保证植物“吃饱、喝足、住舒服”，从而达到高产。所以我国的土壤科学工作者认为：土壤肥力是土壤供给和调节植物生长发育的水、肥、气、热等生活因素的能力。

土壤肥力按其发生过程可分为自然肥力和人工肥力（人为肥力）。自然肥力是土壤在自然因素综合作用下发生和发展起来的肥力，纯粹的自然肥力只有在原始林地和未开垦的荒地（自然土壤）上才能见到。人工肥力是自然土壤经过开垦耕种以后，在人类生产活动影响下创造出来的肥力，也称为人为肥力。

土壤肥力按其发挥程度可分为有效肥力和潜在肥力。有效肥力是指在农业生产(当季生产)中能表现出来,产生经济效果的那部分肥力。潜在肥力是指暂时不能被植物吸收利用,在当季生产中没有直接反映出来的那部分肥力。

土壤肥力是土壤生产力的基础而不是全部,土壤的肥力只是指土壤中存在的肥料多少。包括本身存在的和人工添加的化肥、有机肥等。但有肥力的土壤不一定能有高产出,一定要好好利用才能变成生产力,只有全面合理,才能有高产出。比如,不是每种土壤都能适合每种作物。所以土壤的肥力只是土壤生产力的必要条件之一,但不是充分条件。

3. 肥料的概念

直接或间接供给植物所需养分,改善土壤性状,以提高植物产量和品质的功能物质,称为肥料。可以在土壤施用还可以喷施于植物叶面等。包括有机肥料和无机肥料。

肥料是农业高产优质的保证。是植物的粮食,在农业生产中起重要的作用。

(1)为植物提供养分,满足作物对养分的需求。

(2)改良土壤理化生物特性,提高土壤肥力。

(3)增加作物单位面积的产量,改善作物品质。FAO(世界粮食和农业组织)的统计资料表明,在各项增产措施中,肥料对粮食的增产作用为40%~60%,可见肥料对农业生产的重要性。

(4) 增加作物的抗性,促进作物早熟。

三、土壤肥料科学发展概况

从国内的发展来看,几千年来,我国劳动人民在生产实践中,在认土、用土、改土及肥料的积制和使用等方面积累了丰富的经验。最远可追溯到战国时代,我国劳动人民根据土壤的性质、肥力水平,对各类土壤进行分类分级。如《禹贡》一书就记载了按土壤肥瘦、性状、生产力,把九州的土壤分为三等九级。元、明、清以来,人们对农业生产的技术措施有了更明确的分类和更详细的总结。建国以来,全国已经进行了两次土壤普查。第一次是在1958年编绘了"四图一志",为我国有计划地开垦荒地,扩大耕地面积,合理利用土地,提供了科学的依据。1979年进行的第二次土壤普查工作,利用航片或卫片绘制土壤图。查清土壤资源、普及土壤科学,培养基层土肥人员,极大地促进了农业生产的发展。

从肥料科学的发展来看,在建国初期(1953年),政府提出了"以农家肥为主,商品肥料(化肥)为辅"的肥料工作方针。1957年中国农科院土肥所通过全国肥料试验网150多个试验点获得的结果表明:我国土壤80%的农田土壤缺氮,50%左右缺乏磷素,30%缺乏钾素,这为肥料的生产和使用提供了科学依据。20世纪70年代中期,根据我国的实际情况提出“以农家肥为主，农家肥和化肥相结合”。20 世纪 80 年代、90 年代，化肥施用量猛增，大大推动了生产力的提高。目前，动态平衡配方施肥技术，喷滴灌施肥新技术，土壤肥料测试新技术等在现代农业生产中发挥了越来越大的作用。

从国外发展来看，土壤肥料科学出现了几个较有影响的学派，农业化学派，农业地质学派，土壤发生学派等，现代土壤肥料科学出现了一些新的观点。

四、土壤肥料工作的任务

土壤肥料工作的任务具体可以归纳为：

1. 加强土壤资源保护、综合治理、合理开发利用及防治土壤退化，保护农业生态，加强土、水、气、生物的协调管理和污染的修复；

2. 深入进行土壤演变规律及其调节措施的研究，注重在施肥条件下，土壤植物营养的投入、协调与平衡，充分发挥农田养分再循环的肥源潜力与不断防止土壤养分退化；

3. 深入研究土壤圈物质组成、性质、类型、时空变化及其循环规律；

4. 建立土壤肥料信息系统，重视土壤肥料数据库及其应用系统的开发，注重统计分析和模拟模型技术在生产上的应用；

5. 建立健全土壤肥料政策法规；

6. 注意提高农民土壤肥料科学知识水平，加强土肥技术推广和服务体系建设。

任务一　土壤的形成

我们知道，一粒农作物种子，把它播撒在土壤中，在适宜的土壤温度、水分和通气条件下，就会按照农作物本身的生命特性与生长规律，生根、发芽、开花和结实，产生下一代种子，完成整个生命周期。在作物生长的一生中，被人们喻为“万物之母”的土壤，发挥着非常重要的作用。它不仅最大限度地满足和协调了农作物生长所需要的水、肥、气、热等基本生长要素，同时还提供了农作物稳固的扎根场所，防止和抵御了各种有毒物质的侵害，保证了农作物的正常生长发育。由此可见，土壤不仅仅是泥沙组成的简单颗粒，而且是一个成分复杂，具有肥力特征的疏松的自然体，是绿色生命赖以生存的根本源泉。

土壤是岩石圈表面的疏松表层，是陆生植物生活的基质和陆生动物生活的基底。土壤不仅为植物提供必需的营养和水分，而且是土壤动物赖以生存的栖息场所。土壤的形成从开始就与生物的活动密不可分，所以土壤中总是含有多种多样的生物，如细菌、真菌、放线菌、藻类、原生动物、轮虫、线虫、蚯蚓、软体动物和各种节肢动物等，少数高等动物（如鼹鼠等）终生都生活在土壤中。据统计，在一小勺土壤里就含有亿万个细菌，25 g

森林腐植土中所包含的霉菌如果一个一个排列起来，其长度可达 11 km。可见，土壤是生物和非生物环境的一个极为复杂的复合体，土壤的概念总是包括生活在土壤里的大量生物，生物的活动促进了土壤的形成，而众多类型的生物又生活在土壤之中。

土壤无论对植物来说还是对土壤动物来说都是重要的生态因子。植物的根系与土壤有着极大的接触面，在植物和土壤之间进行着频繁的物质交换，彼此有着强烈影响，因此，通过控制土壤因素就可影响植物的生长和产量。对动物来说，土壤是比大气环境更为稳定的生活环境，其温度和湿度的变化幅度要小得多，因此，土壤常常成为动物的极好隐蔽所，在土壤中可以躲避高温、干燥、大风和阳光直射。由于在土壤中运动要比大气中和水中困难得多，所以除了少数动物（如蚯蚓、鼹鼠、竹鼠和穿山甲）能在土壤中掘穴居住外，大多数土壤动物都只能利用枯枝落叶层中的孔隙和土壤颗粒间的空隙作为自己的生存空间。

土壤是所有陆地生态系统的基底或基础，土壤中的生物活动不仅影响着土壤本身，而且影响着土壤上面的生物群落。生态系统中的很多重要过程都是在土壤中进行的，其中特别是分解和固氮过程。生物遗体只有通过分解过程才能转化为腐殖质和矿化为可被植物再利用的营养物质，而固氮过程则是土壤氮肥的主要来源。这两个过程都是整个生物圈物质循环所不可缺少的过程。

一、土壤的三相组成

土壤是由固相、液相、气相三种形态物质组成的疏松多孔的复杂自然体。

固相部分包括矿物质、有机质以及土壤生物三部分，其体积约占土壤总体积的一半左右。在固相中，占重量 95% 以上的是矿物质，它是土壤的主体，好比土壤的“骨骼”，起着为植物根系提供扎根场所，支持植物地上部分不倒伏，提供植物矿质养分的作用。占重量 5% 的有机质和生物，紧紧包裹在矿质土粒的表面，好似土壤的“肌肉”一样，对于组成土壤、充实土壤、改善土壤理化性状、供应农作物多种营养起着举足轻重的作用。

土壤液相部分指的是土壤水分。实际上它是极其稀薄的土壤溶液，它被保持并运动于土壤孔隙中，是三相物质中最活跃的部分，好似土壤的“血液”一样，起着输送养料的作用。

土壤气相部分指的是土壤空气，它充满了那些未被水分占据的土壤孔隙，其成分主要包括来自大气中的氮气（N_2）、氧气（O_2）和部分来自土壤中的二氧化碳（CO_2）气体和水气（H_2O）。在温度、气压、风、降水或灌溉等因素作用下，土壤空气被不断地吸入或排出。一般情况下，土壤总是吸进新鲜的空气、排出二氧化碳等污浊气体，好似土壤在“呼吸”。由于这种“呼吸作用”，使土壤空气得到不断更新，以适宜农作物生长。

土壤水分和土壤空气共同存在于土壤空隙中，二者在数量上互为消长，水气之间的比例主要受水分变化的制约，水多占据了孔隙，空气被挤出土壤；反之，空气在空隙中的比例必然增加(见图1－1土壤三相物质组成)。

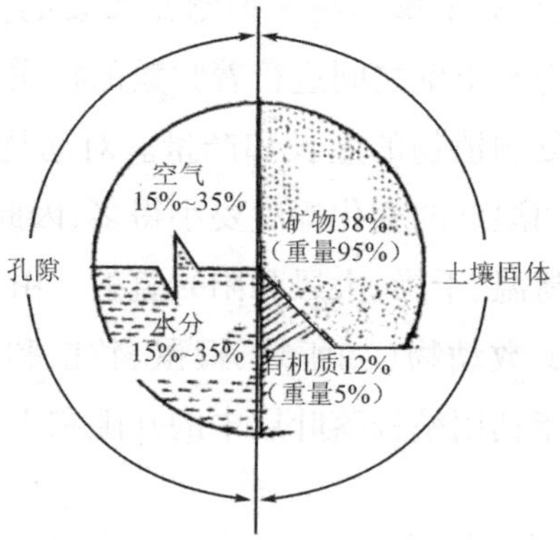

图1－1　土壤三相物质组成

综上所述，土壤矿物质是由岩石矿物风化而来的，土壤有机质是土壤发展过程中由生物累积而成的，土壤水分主要来自于自然降水(雨、雪、冰雹等)，土壤空气主要来自于大气中的气体，三相物质共同构成了一个互相联系、互相制约的运动变化着的统一体，它们的多少、比例以及运动变化直接影响着土壤肥力的高低，共同构成了土壤肥力的物质基础。

二、主要成土矿物

1. 矿物的概念

土壤矿物质是岩石经物理风化作用和化学风化作用形成的，占土壤固相部分总重量90%以上，是土壤的骨骼和植物营养元素的重要供给来源，见图1-2。

图1－2　土壤矿物质

2. 矿物的类型

土壤矿物质按成因分为原生矿物和次生矿物。

(1)原生矿物

直接来源于岩石受到不同程度的物理风化作用的碎屑,其化学成分和结晶构造未有改变。土壤原生矿物主要种类有硅酸岩和铝酸盐类、氧化物类、硫化物和磷酸盐类,以及某些特别稳定的原生矿物(如石英、石膏、方解石等)。

交流研讨

1. 蒙脱石比高岭石的吸附能力(　　)。

A. 要强　　B. 要弱

C. 差别不大　　D. 完全相同

2. 砂土的砂粒质量分数一般在(　　)。

A. 50%以上　　B. 50%以下

C. 70%以上　　D. 70%以下

3. 黏重的土壤一般含有(　　)。

A. 比较多的原生矿物　　B. 比较多的次生矿物

C. 比较多的有机质　　D. 比较多的石英

(2)次生矿物

原生矿物风化后重新形成的新矿物。由于粒径小,多具有胶体的性质,为土壤中黏粒的主要组成物质。土壤很多物理、化学性质,如吸收性、膨胀收缩性、黏着性等都和土壤所含的次生矿物有关。主要有以下三类:简单盐类、三氧化物类、次生硅酸盐类。

简单盐类:是原生矿物经化学风化后的最终产物,结晶构造也较简单,常见于干旱和半干旱地区的土壤中。如方解石、白云石、石膏、石盐、芒硝等。

三氧化物类:它们是硅酸盐矿物彻底风化后的产物,结晶构造较简单,常见于湿热的热带和亚热带地区土壤中,特别是基性岩(玄武岩、石灰岩、安山岩)上发育的土壤中含量最多。

次生硅酸盐类:这类矿物在土壤中普遍存在,种类很多,是由长石等原生硅酸盐矿物风化后形成。它们是构成土壤的主要成分,故又称为黏土矿物或黏粒矿物。土壤中次生硅酸盐可分为三大类:伊利石、蒙脱石和高岭石。

伊利石是一种风化程度较低的矿物,一般土壤中均有分布,但以温带干旱地区的土壤中含量最多。其膨胀性较少,具有较高的阳离子代换量,并富含钾。

蒙脱石为伊利石进一步风化的产物,是基性岩在碱性环境条件下形成的,在温带干旱地区的土壤中含量较高。其阳离子代换量极高。它所吸收的水分植物难以利用,因此富含蒙脱石的土壤,植物易感水分缺乏,同时干裂现象严重而不利于植物生长。

高岭石为风化程度极高的矿物，主要见于湿热地区的土壤中，在花岗岩残积母质上发育的土壤中含量也较高。其膨胀性小，阳离子代换量亦低。富含高岭石的土壤，透水性良好，植物可获得有效水分多，但供肥、保肥能力低，植物易感养分不足。

三、主要成土岩石

1. 岩石的概念与类型

岩石是一种或数种矿物组成的集合体。不同的岩石其组成有所不同，其组成在一定的范围内有所变动，因而不能以化学式表示。根据岩石的成因可分为岩浆岩、沉积岩和变质岩。

2. 矿物岩石的风化作用与土壤母质

(1)风化作用的概念

地壳表层的岩石在大气圈、生物圈作用下，所引起的破碎和分解，通常称为岩石的风化作用。即岩石的风化作用是在大气、水、温度变化和生物活动等外界因素作用下，使坚硬的岩石逐渐崩解破碎成碎块和细粒，同时也会使岩石的矿物成分和化学组成发生变化，形成新的矿物。

(2)风化类型

①物理风化作用：是指岩石崩解破碎而不改变其矿物成分和化学组成的过程。

物理风化的结果，虽然岩石的矿物组成和化学组成没有改变，但它使岩石产生机械破碎，成为大小不等的石砾和碎屑，表面积增加成为疏松多孔的堆积物，产生了岩石所不具有的对水分和空气的通透性，为化学风化创造了条件。

②化学风化作用：是指岩石在水、氧、CO_2 等风化因素的参与下，所发生的一系列化学分解作用的过程，一般包括溶解作用、水化作用、水解作用、氧化作用，重点掌握这四种作用的特点。

③生物风化作用：生物风化作用是指在生物的作用下，岩石发生机械破碎和化学分解的过程。

低等植物如地衣的菌丝和高等植物的根系对岩石的穿插；土壤中各种动物如鼠类、蚯蚓、昆虫等对岩石引起的机械破碎作用；藻类、地衣、硝化细菌等可在岩石表面生长，分泌出酸液分解岩石，从中摄取所需的养分，从而使岩石矿物遭到分解和破坏。

以上三种风化作用相互联系，相互影响，同时同地对岩石进行作用。

四、土壤母质的形成及我国的主要成土母质

裸露的岩石经过风化作用形成新的疏松的、粗细不同的风化产物，这些覆盖在地壳表面的堆积体，是形成土壤的母体，称为母质。所以土壤母质的形成过程即岩石矿物的

风化过程。

土壤母质与原来岩石相比,具有很大区别。首先,由岩石坚硬致密状态破碎为黏散多孔的状态,产生了水分与空气的通透性。其次,岩石彻底分解,形成了黏粒,黏粒之间具有毛管孔隙,产生了蓄水性,增加了表面积,使其具有胶体的性质,如吸附性能出现,可保蓄风化所释放的可溶性盐基物质,为植物所需的矿质养分提供最初来源。因此,岩石风化形成母质,使其初步具备水、气、热和养分等肥力因素,而区别于原来的岩石。但母质的这些因素常常不能满足植物的需要,如母质的通透性与蓄水性矛盾尖锐而不能协调。

成土母质类型包括:

①残积物。指岩石经风化后残留在原地未经搬运的风化物。

②坡积物。指风化物在重力或流水的作用下,被搬运到山坡的中下部的堆积物。

③洪积物。指山洪搬运的碎屑物在山前平原形成的沉积物。由于形状如扇,又称洪积扇。

④冲积物。河水中挟带的泥沙,在中下游两岸与入海口沉积而成。

⑤湖积物。由湖泊的静水沉积而成。

⑥海积物。是海边海相沉积物。由于海岸上升,海退或江河入海的回流淤积物露出水面而形成。

⑦风积物。是由风将其他成因的堆积物搬运沉积而成。

⑧黄土。是第四纪(近100万年以内的地质年代)沉积物。其成因可能是风力搬运堆积而成,也可能是水流搬运沉积而成,看法不一。在我国是广布的一种成土母质。

五、自然成土因素

成土因素学说的基本观点的概括:

①土壤是一种独立的自然体,它是在各种成土因素非常复杂的相互作用下形成的。

②对于土壤的形成来说,各种成土因素具有同等重要性和相互不可替代性。其中生物起着主导作用。土壤是一定时期内,在一定的气候和地形条件下,活有机体作用于成土母质而形成的。

1. 母质

母质是指裸露于地表的岩石、矿物经风化作用后残留在原地或搬运沉积后的风化产物。母质一方面是土壤固相物质的基本组成材料,是植物矿质营养物质的最初来源;另一方面母质的化学成分深刻影响土壤的特性。

风化作用使岩石破碎,理化性质改变,形成结构疏松的风化壳,其上部可称为土壤母质。如果风化壳保留在原地,形成残积物,便称为残积母质;如果在重力、流水、风力、冰川等作用下风化物质被迁移形成崩积物、冲积物、海积物、湖积物、冰碛物和风积物等，则称为运积母质。成土母质是土壤形成的物质基础和植物矿质养分元素（氮除外）的最初来源。母质代表土壤的初始状态，它在气候与生物的作用下，经过上千年的时间，才逐渐转变成可生长植物的土壤。母质对土壤的物理性状和化学组成均产生重要的作用，这种作用在土壤形成的初期阶段最为显著。随着成土过程进行得愈久，母质与土壤间性质的差别也愈大，尽管如此，土壤中总会保存有母质的某些特征。

首先，成土母质的类型与土壤质地关系密切。不同造岩矿物的抗风化能力差别显著，其由大到小的顺序大致为石英→白云母→钾长石→黑云母→钠长石→角闪石→辉石→钙长石→橄榄石。因此，发育在基性岩母质上的土壤质地一般较细，含粉砂和黏粒较多，含砂粒较少；发育在石英含量较高的酸性岩母质上的土壤质地一般较粗，即含砂粒较多而含粉砂和黏粒较少。此外，发育在残积物和坡积物上的土壤含石块较多，而在洪积物和冲积物上发育的土壤具有明显的质地分层特征。

其次，土壤的矿物组成和化学组成深受成土母质的影响。不同岩石的矿物组成有明显的差别，其上发育的土壤的矿物组成也就不同。发育在基性岩母质上的土壤，含角闪石、辉石、黑云母等深色矿物较多；发育在酸性岩母质上的土壤，含石英、正长石和白云母等浅色矿物较多；其他如冰碛物和黄土母质上发育的土壤，含水云母和绿泥石等黏土矿物较多，河流冲积物上发育的土壤亦富含水云母，湖积物上发育的土壤中多蒙脱石和水云母等黏土矿物。从化学组成方面看，基性岩母质上的土壤一般铁、锰、镁、钙含量高于酸性岩母质上的土壤，而硅、钠、钾含量则低于酸性岩母质上的土壤，石灰岩母质上的土壤，钙的含量最高。

2. 生物

生物是土壤发生发展过程中最活跃的因素，也是土壤形成的决定因素。作用于土壤的生物主要是植物和在土壤中的各种微生物及定居在土壤中的小型动物。生物主要作用于土壤物质转化和积累过程，如有机质的分解，养分的富集，氮、硫、磷等元素的转化等。

岩石表面在适宜的日照和湿度条件下滋生出苔藓类生物，它们依靠雨水中溶解的微量岩石矿物质得以生长，同时产生大量分泌物对岩石进行化学、生物风化。随着苔藓类的大量繁殖，生物与岩石之间的相互作用日益加强，岩石表面慢慢地形成了土壤；此后，一些高等植物在年幼的土壤上逐渐发展起来，形成土体的明显分化。

在生物因素中，植物起着最为重要的作用。绿色植物有选择地吸收母质、水体和大气中的养分元素，并通过光合作用制造有机质，然后以枯枝落叶和残体的形式将有机养分归还给地表。不同植被类型的养分归还量与归还形式的差异是导致土壤有机质含量高低的根本原因。例如，森林土壤的有机质含量一般低于草地，这是因为草类根系茂密且集中在近地表的土壤中，向下则根系的集中程度递减，从而为土壤表层提供了大量的有机质，而树木的根系分布很深，直接提供给土壤表层的有机质不多，主要是以落叶的形式将有机质归还到地表。动物除以排泄物、分泌物和残体的形式为土壤提供有机质，并通过啃食和搬运促进有机残体的转化外，有些动物如蚯蚓、白蚁还可通过对土体的搅动，改变土壤结构、孔隙度和土层排列等。微生物在成土过程中的主要功能是有机残体的分解、转化和腐殖质的合成。

3. 气候

气候对土壤发生和演化影响最大的因素是降雨和温度。这两个因素随纬度和经度及高度的不同而变化。气候因素既可直接作用于土壤形成过程，也可通过影响生物活动作用于土壤的发生发展。

气候对于土壤形成的影响，表现为直接影响和间接影响两个方面。直接影响指通过土壤与大气之间经常进行的水分和热量交换，对土壤水、热状况和土壤中物理、化学过程的性质与强度的影响。通常温度每增加10℃，化学反应速度平均增加1～2倍；温度从0℃增加到50℃，化合物的解离度增加7倍。在寒冷的气候条件下，一年中土壤冻结达几个月之久，微生物分解作用非常缓慢，使有机质积累起来；而在常年温暖湿润的气候条件下，微生物活动旺盛，全年都能分解有机质，使有机质含量趋于减少。

气候还可以通过影响岩石风化过程以及植被类型等间接地影响土壤的形成和发育。一个显著的例子是，从干燥的荒漠地带或低温的苔原地带到高温多雨的热带雨林地带，随着温度、降水、蒸发以及不同植被生产力的变化，有机残体归还逐渐增多，化学与生物风化逐渐增强，风化壳逐渐加厚。

4. 地形

地形是指地表的起伏状态、坡向及其外貌形态。地表主要影响水热的再分配，如在坡顶、山腰及谷地等部位的水分状况的不同，南北坡的温度差异等都与地形有关。

地形对土壤形成的影响主要是通过引起物质、能量的再分配而间接地作用于土壤的。在山区，由于温度，降水和湿度随着地势升高的垂直变化，形成不同的气候和植被带，导致土壤的组成成分和理化性质均发生显著的垂直地带分化。通过对美国西南部山区土壤特性的考察发现，土壤有机质含量、总孔隙度和持水量均随海拔高度的升高而增加，而pH值随海拔高度的升高而降低。此外，坡度和坡向也可改变水、热条件和植被状况，从而影响土壤的发育。在陡峭的山坡上，由于重力作用和地表径流的侵蚀力往往加速疏松地表物质的迁移，所以很难发育成深厚的土壤；而在平坦的地形部位，地表疏松物质的侵蚀速率较慢，使成土母质得以在较稳定的气候、生物条件下逐渐发育成深厚的土壤。阳坡由于接受太阳辐射能多于阴坡，温度状况比阴坡好，但水分状况比阴坡差，植被的覆盖度一般是阳坡低于阴坡，从而导致土壤中物理、化学和生物过程的差异。

5. 时间

各成土因素共同对土壤的影响，都因时间因素的增长而加强。一般成土时间越久，土壤的发育程度越深，土壤层次分化就越明显，土壤与母质的性质差异也就越大。

在上述各种成土因素中，母质和地形是比较稳定的影响因素，气候和生物则是比较活跃的影响因素，它们在土壤形成中的作用随着时间的演变而不断变化。因此，土壤是一个经历着不断变化的自然实体，并且它的形成过程是相当缓慢的。在酷热、严寒、干旱和洪涝等极端环境中，以及坚硬岩石上形成的残积母质上，可能需要数千年的时间才能形成土壤发生层，例如在沙丘土中，特别是在林下，典型灰壤的发育需要 1 000 ~ 1 500 年。但在变化比较缓和的环境条件中，以及利于成土过程进行的疏松成土母质上，土壤剖面的发育要快得多。

土壤发育时间的长短称为土壤年龄。从土壤开始形成时起直到目前为止的年数称为绝对年龄。例如，北半球现存的土壤大多是在第四纪冰川退却后形成和发育的。高纬地区冰碛物上的土壤绝对年龄一般不超过一万年，低纬未受冰川作用地区的土壤绝对年龄可能达到数十万年至百万年，其起源可追溯到第三纪。

由土壤的发育阶段和发育程度所决定的土壤年龄称为相对年龄。在适宜的条件下，成土母质首先在生物的作用下进入幼年土壤发育阶段，这一阶段的特点是土体很薄，有机质在表土积累，化学—生物风化作用与淋溶作用很弱，剖面分化为 A 层和 C 层，土壤的性质在很大程度上还保留着母质的特征。随着 B 层的形成和发育，土壤进入成熟阶段，这一阶段有机质积累旺盛，易风化的矿物质强烈分解，在淀积层中黏粒大量积聚，土壤肥力和自然生产力均达到最高水平。经过相当长的时间以后，成熟土壤出现强烈的剖面分化，出现 E 层，并使 A 层和 B 层的特征发生显著差异，有机质累积过程减弱，矿物质分解进入最后阶段，只有抗风化最强的矿物残留在土体中，淀积层中黏粒积聚形成黏盘，土壤进入老年阶段，这一阶段土壤的肥力和自然生产力都明显降低。

在五大自然成土因素之外，人类生产活动对土壤形成的影响亦不容忽视，主要表现在通过改变成土因素作用于土壤的形成与演化。其中以改变地表生物状况的影响最为突出，典型例子是农业生产活动，它以稻、麦、玉米、大豆等一年生草本农作物代替天然植被，这种人工栽培的植物群落结构单一，必须在大量额外的物质、能量输入和人类精心的护理下才能获得高产。因此，人类通过耕耘改变土壤的结构、保水性、通气性；通过灌溉改变土壤的水分、温度状况；通过农作物的收获将本应归还土壤的部分有机质剥夺，改变土壤的养分循环状况；再通过施用化肥和有机肥补充养分的损失，从而改变土壤的营养元素组成、数量和微生物活动等。最终将自然土壤改造成为各种耕作土壤。人类活动对土壤的积极影响是培育出一些肥沃、高产的耕作土壤，如水稻土等；同时由于违反自然成土过程的规律，人类乱砍乱伐，乱扔垃圾、以及对有毒化学制剂的超量使用，水源污染，土壤污染等，一些破坏良田土层的错误做法，造成了土壤退化，如肥力下降、水土流失、盐渍化、沼泽化、荒漠化。

思考交流

1. 叙述土壤组成，土壤的本质特征是什么？
2. 为什么土壤矿物质土粒构成了土壤的“骨骼”？
3. 矿物岩石的风化与土壤母质的形成有什么关系？
4. 土壤肥力与土壤生产力有何区别？
5. 土壤是由哪三相物质组成的？为什么说它们构成了土壤肥力的物质基础？

任务二 土壤矿物质

一、组成土壤的矿物

作为土壤“骨骼”的大小不等的矿物质颗粒，是岩石矿物在多种自然因素（水、二氧化碳、温度、氧气、生物等）的作用下，经过长期风化过程而逐渐形成的，这些碎屑有的残留于原地，有的经过风、流水等各种外力作用搬运、沉积、重新分布于地表。土壤学上把由岩石矿物风化、船运、沉积而来的固体土粒称土壤矿物质。土壤矿物质是土壤的主要组成部分，是构成土壤的基础物质，土壤的物理、化学及生物学特性都与其密切相关，对土壤肥力有着深刻的影响。

1. 土壤矿物质的类型

我们知道，岩石经过风化作用发育成了母质，母质经过风化和生物作用形成了土壤，组成土壤的主要是大小不等的矿物质颗粒，这些颗粒是由原生矿物和次生矿物组成的。

(1)原生矿物

原生矿物是指那些在岩浆岩中原来就有的，且在风化过程中化学成分未经改变的矿物。常见的有石英、长石、云母、角闪石、辉石和橄榄石等。原生矿物的主要作用一是构成土壤骨骼，二是提供矿质养料。原生矿物中含有农作物生长发育所需要的各种矿质营养元素，风化后，可释放出来供农作物吸收，因此，了解原生矿物的抗风化能力顺序，能够掌握原生矿物对土壤肥力的作用。一般来说，浅色的原生矿物抗风化力强，难风化，且含矿质养分较少，风化后形成的土壤颗粒大、砂性重、肥力低（如石英）。深色矿物抗风化力弱，易风化，且含矿质养分多，风化后形成的土壤黏粒多、肥力高（如辉石）。原生矿物的抗风化能力由强到弱的顺序是石英>白云母>长石>黑云母>辉石>角闪石>橄榄石。

从以上原生矿物抗风化力顺序可以看出，石英、白云母、长石等浅色矿物难风化，所以它们常以较粗的颗粒残留在土壤中，形成土壤砂粒部分，而辉石、角闪石、橄榄石、黑云母等深色矿物易风化，在土壤中难以残留，几乎全部形成次生矿物，成为土壤黏粒的主要来源。

（2）次生矿物

在土壤形成过程中，原生矿物经分解破坏逐渐改变了成分、形态和性质而形成的一类新矿物叫次生矿物。它主要有三大类：一类是成分简单的盐类，如方解石、石膏、芒硝、食盐等；二类是成分复杂的各种次生层状硅酸盐；三类是各种晶质和非晶质的含水铁、硅、铝的氧化物。值得重视的是，后二类次生矿物因为是土壤黏粒的主要组成部分，习惯上统称为黏粒矿物（或称黏土矿物）。它与土壤有机质紧密结合，对土壤的理化及生物学性质产生着深刻的影响。

2. 土壤矿物质的化学成分

存在于土壤中的矿物种类多，成分复杂，因而土壤矿物质的化学成分也很复杂，几乎包括了地球上所有的元素。但含量比较大，与农业生产关系较密切的元素仅 21 种。它们主要是：氧（O）、硅（Si）、铝（Al）、铁（Fe）、钙（Ca）、钾（K）、钠（Na）、镁（Mg）、钛（Ti）、磷（P）、硫（S）、氯（C1）、锰（Mn）、硼（B）、锌（Zn）、铜（Cu）、钼（Mo）、钴（Co）、碘（I）、硒（Se）、氮（F）等。其中，以氧、硅、铝、铁、钙、钾、钠、镁八种元素含量最大，占总量的 97% 以上，这与地壳的平均化学成分极为相似（见表 1－1）。

表 1－1　地壳和土壤主要元素平均组成　　单位：%

元素	氧	硅	铝	铁	钙	钾	钠	镁
符号	O	Si	Al	Fe	Ca	K	Na	Mg
地壳	46.6	27.7	8.1	5.0	3.6	2.6	2.8	2.1
土壤	49.0	33.0	7.1	3.8	1.4	1.2	0.6	0.6

土壤矿物质部分的化学组成（见表 1－2）尤以氧化硅（SiO_2）、氧化铝（$A1_2O_3$）、氧化铁（Fe_2O_3）为最多，氧化钙（CaO）、氧化镁（MgO）、氧化钾（K_2O）次之，氮（N）、五氧化二磷（P_2O_5）、三氧化硫（SO_3）等极少。其化学成分的差异主要是因为母质、生物、气候、地形等成土因素不同而引起的。此外还与该成分本身的淋溶强度有关，在矿物质中易淋洗的元素，损失大，含量较低。反之，不易淋洗的元素，损失少，含量较高。

表 1-2 我国主要土壤的化学成分

化学成分	分子式	质量分数范围/(%)	平均值/(%)
氧化硅	SiO_2	35~90	64.1
氧化铝	Al_2O_3	5~30	12.9
氧化铁	Fe_2O_3	1~20	6.6
氧化钙	CaO	0.1~5.0	1.2
氧化镁	MgO	0.2~2.5	0.9
氧化钾	K_2O	0.2~4.0	1.0
氧化钠	—	—	0.6
五氧化二磷	P_2O_5	0.02~0.4	0.1
二氧化硫	SO_2	0.02~0.5	—
二氧化钛	TiO_2	0.2~2.0	1.3

二、土粒粒级

1. 粒级的概念

土粒大小不同,性质也随之而异。因此按照土粒直径(粒径)的大小及其性质分成若干个等级或若干组,这些等级就叫做粒级(或粒组)。相同粒级的土粒,其成分和性质基本一致。不同粒级之间,则有明显的差异。砂粒、粉砂粒和黏粒是粒级的名称。

土壤粒级分类标准常用的有三种:国际制、卡庆斯基制、中国制。生产上使用较多的土壤粒级分类标准是俄罗斯的卡庆斯基制。它的特点是以粒径 0.01 mm 为分界线,大于0.01 mm 的土粒称为物理性砂粒,小于0.01 mm 的称为物理性黏粒。

2. 不同粒级的特性

从各粒级的矿物组成来看,砂粒和粉砂粒中主要含有各种原生矿物,其中以石英最多,土粒越粗石英的含量越高,还有长石、云母等;而黏粒主要含有各种次生矿物,又以次生层状铝硅酸盐矿物为主,颗粒越细,其含量越高。各粒级土粒的化学组成相差也大。

如果土壤的硅铝率和硅铁铝率显著小于母质,说明风化作用和成土作用强烈;反之,风化作用和成土作用弱。这两个指标也可反映土壤的黏土矿物组成特点,因为伊利石的硅铝率最高,而高岭石最小,蒙脱石介于二者之间。如果某一土壤的硅铝率或硅铁铝率较小,说明高岭石含量小,反之则为伊利石或蒙脱石含量较高。

粒级大小对土壤性质影响较大的另一个因素是比表面积。一般颗粒越细,比表面积越大;反之,比表面积越小。因为土壤中的大部分物理、化学及生物化学反应都是在土粒表面进行的,所以,粒级越细的土粒,比表面积越大,其反应速率越快;反之,反应速率越慢。

思考交流

1. 原生矿物的抗风化能力顺序怎样？它们风化后形成的土壤有何特点？

2. 次生矿物分为哪些类型？

3. 土壤微生物包括哪几种？其主要作用是什么？

4. 土壤有机质对土壤肥力有何影响？

5. 土壤有机质的腐殖化过程和矿质化过程有何不同？

6. 土壤矿物质中化学成分最多的是哪八种元素？缺少植物需要的哪几种重要元素？

任务三　矿物质土粒的机械组成（颗粒组成）和质地分类

一、质地分级

土壤中各粒级矿物质土粒所占的质量分数叫矿物质土粒的机械组成。任何一种土壤，均是由粒径不同的各级土粒所组成的，根据机械组成划分的土壤类型称质地。

二、土壤质地分类制

土壤质地所呈现的物理性质主要体现在不同粒级对土壤水分、土壤空气、土壤热量、耕性及肥力的影响，对于土壤水、气运动及土壤热性质的变化和作物根系的伸长和发育有较重要的作用，它是生产上反映土壤肥力状况的一个重要指标。

按照各粒级土粒含量的不同对土壤质地类型进行划分称为土壤质地分类。一般将土壤质地分成砂土、壤土和黏土三个基本等级。与土壤粒级分类一样，也有许多种质地分类标准和分类制，国际制和俄罗斯卡庆斯基制是目前在我国应用较多的两种质地分类标准。

三、不同质地土壤的肥力特点和利用改良

1. 土壤质地与土壤肥力的关系

土壤质地首先影响土壤的孔隙性质及养分含量，进一步作用于土壤的通透性、保肥性、供肥性、土壤温度状况及耕性等性质。根据土壤质地不同所反映出来的肥力特性也不同。

（1）砂土类

土粒间为大孔隙，排水通气性能强，保水性差，易旱。有机质分解快，保肥力弱，但施

肥易见效，早春土温上升快，昼夜温差大，所以有时称“热性土”。适合种植薯类、花生、谷子等生育期短、要求土壤疏松的作物。

(2)黏土类

肥力一般，与砂土正好相反，土粒间多毛管孔隙和非活性孔隙，土壤通透性差，但保水力、保肥力强，养分含量高，肥效长。春季升温较慢，所以称“冷性土”。适合种植稻、麦、棉花等生长期长对养分需求量大的作物。

(3)壤土类

介于黏土和砂土之间，是一种比较优良的质地类型，兼有砂土和黏土的优点，却没有二者的不足。因此，适合种植大多数作物。

2. 土壤质地的利用与改良

许多土壤上下层的质地差别很大，呈现土壤质地层次性。形成原因有自然条件(冲积性母质发育的土壤)和人为耕作等(犁底层)。质地层次性对土壤肥力的影响，侧重在致低层次排列方式和层次厚度上，特别是土体 1 m 内的层次特点。适宜于作物种植和生长的土壤条件称为作物的土宜。不同作物对土壤条件的要求不同，但大多数作物对土壤质地的适应范围较广。

当土壤质地不适合作物生长时，或者在某种质地土壤上作物生长较慢时，要么更换作物种类，要么进行土壤质地改良。对于大规模生产来讲，更换作物种类相对容易，对于园艺生产来讲，改良土壤质地有时也是可行的。

改良土壤质地通常采用以下几种方法：

(1)增施有机肥

可以改变土粒之间黏着性的大小，还能改善土壤的其他性质，所以是一项重要的生产措施。无论是砂质土还是黏质土，增施有机肥，提高土壤有机质含量，都能起到改良土壤的作用，因为有机质的黏结力和黏着力比砂粒大，但是比黏粒小，可以克服砂土过砂，黏土过黏的缺点。

另外，有机质还能促进土壤结构的形成，使黏土疏松，增加砂土的保肥性。

(2)客土法

是指在黏土中掺砂或在砂土中掺黏粒以达到改良土壤质地的一种方法。效果好，却费工费时，不适宜在生产上大规模推广。

(3)掺砂、掺黏，客土调剂

对于砂土地可以掺入黏土(河沟中的淤泥)，对黏土可以掺入砂土，从而达到改良土壤质地的目的。

(4)翻淤压砂、翻砂压淤

砂黏相间的土壤，可以先把表土翻到一边，再把下层土翻上来，使上、下层的土壤混合，可以达到改良土壤质地的目的。

（5）引洪漫淤、引洪漫砂

对沿江河的砂质土壤，利用洪水中携带的泥砂来改良砂土和黏土。但要注意引洪漫淤改良砂土时，要提高进水口，以减少砂粒的流入量，引洪漫砂时则要降低入水口，以使有更多的粗砂进入。

（6）耕作管理

根据不同的土壤质地采用不同的耕作管理措施。

四、中、低产田的改良措施

土壤是人类赖以生存和发展的最基本的生产资料，良好的土壤环境是实现“高产、优质、高效”农业持续发展的基础条件。全国土壤普查显示，我国耕地面积18.27亿亩*，但人均耕地只有1.4亩，且耕地质量差，分布不均，退化严重，具备高产稳产环境条件、肥力水平较高，水、肥、气、热协调的高产土壤并不多，大部分中、低产土壤都不同程度地存在着影响农业生产的障碍因素，如土壤性状不良，水土温度低，还原性毒质多，过黏或过砂，各种营养元素比例严重失调，缺水严重等。农业利用上表现为种植单一，复种指数低，宜种性窄，作物生长不良，长期低产。中产田与高产田比较，中产田亩产低20%，低产田亩产又比中产田低20%以上。由此可见，中、低产田具有极大的增产潜力。这类田块一经改良，就可以大幅度提高作物产量。因此，改良中、低产土壤，对提高土壤产出率、发展“高产、优质、高效”农业，缓解“人增地减”矛盾，促进农业市场经济繁荣，都有着极大的现实意义和深远的历史意义。

改良中、低产田必须从发展大农业的高度，坚持因地制宜、标本兼治、提高效益的原则，搞好五个结合，即改良土壤与改造自然环境相结合；长期措施与当前措施相结合；生物措施与工程措施相结合；单项措施与综合措施相结合；用地与养地，改良与利用相结合。做到统一规划，分期分批地实施确保中、低产田改良工作顺利进行，获取最佳的生态效益和经济效益。

1.坡耕地的改良

坡耕地都因水土流失，不同程度地存在着耕层浅、土层薄、有机质含量不高、养分含量低、质地不良（过砂或过黏、砾石多）、供肥力差、复种指数低、作物生长不好，产量低，效益差等问题、是我国主要的中、低产土壤之一。但坡耕地对增加粮食产量，发展多种经济作物存在着巨大的潜力，改良好坡耕地，不仅是山区、丘陵区广大农民的致富

* 1亩≈667 m^2。

之路,也是振兴我国农业、繁荣农业市场经济的重大举措。从 60 年代坡地改梯地至今,我国坡耕地在改土与培肥、用地与养地、高产与高效等方面都取得了可喜成绩,不仅对发展果、粮、药等作物生产起到了非常积极的作用,并且在实际工作中总结出省工、高技、简便易行改良坡耕地的综合实用新技术,有效地促进了全国坡耕地的改良工作。下面重点介绍坡地沟种技术。

坡地沟种适用于 10° ~25°的坡耕地改良。该技术主要作用是改坡地的“陡、薄、瘠、蚀”为“平、厚、肥、保”,为农业生产创造一个土地平整、耕层深厚、肥力较高的土壤环。据 85 个试验示范资料统计:沟种与坡种比较,每亩增产小麦 31. 8 ~ 90 千克,增产 12.4% ~54.7%,玉米 22.7 ~109.3 千克,增产 11.2% ~35.6%。土壤理化性状、供肥水平得到根本性改善。实践证明,沟种技术改良坡耕地,具有当季耕作,当季培肥,当年增产,当年受益,投工少,见效快等优点,沟种改良 1 亩坡耕地只要 30 ~40 个工,相当于过去坡改梯用工的 1/10。具体做法如下:

①挖水平沟。从坡脚开始,从下往上进行。开第一条水平沟时,先将沿水平沟一米宽的表土翻到水平沟上端坡面上,并在沿沟外侧留 30 cm 宽的埂基。然后将沟内 70 cm 宽的生土深挖 20 cm,用生土垒在埂基上筑埂,埂高 20 cm,埂面宽 20 cm。埂筑好后,继续挖松沟内深 20 cm 的底土留在沟内,每亩匀施 2 000 ~2 500 千克有机肥后,再将堆放在上端坡面的表土回填在沟内整平即完成了第一条水平沟。用同样的方法开挖第二、三、四条水平沟。每条水平沟外埂宽 20 cm、沟宽 80 cm、土层深 50 cm。搞好配套工程,一是开好三沟,即坡顶防洪沟、地边排水沟和地间的引水沟。防洪沟开挖在沟种地的顶端,拦截山洪水、防止暴雨时的山洪冲刷。地边排水沟开挖在种植沟的两端,即在种植沟的两端筑条小埂,埂外开挖排水沟,在沟种地中间,上、下相隔 30 ~40 m 处沿斜线开一条地间引水沟,与地边排水沟相接、引排地间水。二是挖好“三挡”,即蓄水挡,沉砂挡,沤肥挡。“三挡”容积大小视沟种面积而定。

②合理种植,加强管理。形成水平沟后,种植作物行间距离增大,株距可适当缩小,沟内一般可种玉米或洋芋或红芋两行,平展型玉米可亩栽 3 000 ~3 200 株,紧凑型玉米品种可栽 4 500 ~5 500 株,洋芋 2 800 ~3 000 穴,小麦推广宽幅撒播或条播,亩播种量 10 ~12.5 千克。埂上种植黄花菜、三叶草等多年生经济草本植物。中耕时注意护埂,防止水土流失,在施肥上推广配方施肥技术。在种植上还可因地制宜实行粮食和经济作物套种,发展果、药等优质高产特种作物,以短养长、长短结合,提高经济效益。

2. 高产土壤的培育

具有良好的结构,水、肥、气、热协调和丰足而比例合理的养分含量的土壤是实现“高产、优质、高效”农业的基础条件。为了缓解“人增地减”的矛盾,适应市场经济发展的需要,要求大幅度提高土地生产率,提供数量大,品种多、质量优的农产品。因此,必须保护和培育好现有的高产土壤，加快高产土壤建设步伐。

（1）高产田土壤的主要特征

①良好的生态环境。高产田土要求日照时间长，土壤温度较高，沟渠配套，排灌分家，能水能旱，旱涝保收，田面平整，大小适中，平原区要求2～3亩1块，丘陵区要求1～2亩1块。

②协调的土体构型。具有耕作层、犁底层和潴育层。耕作层既是养分富集层又是作物根系的活动层。高产田土耕层厚度一般在17 cm左右，土质松软（中壤），有较好的通气透水性，供肥性好。犁底层厚度要求在10 cm左右，松紧适度，以重壤质地为好，灌水时有一定的保水保肥作用。潴育层要发育良好，厚度25～60 cm，重壤土质，土体内可见锈纹锈斑。整个土层都要求互相协调，易于肥水调节管理，有丰足而又平衡的土壤养分，有机质含量在2%以上，全氮含量不少于0.1%，速效氮、磷、钾含量都分别在150×10^{-6}、15×10^{-6}和150×10^{-6}以上，即达到高产土壤养分含量一级水平。

（2）培育措施

①治水改土，完善农田基本设施。搞好农田基本建设是改善土壤环境条件，培肥高产稳产田土的基本措施。一是大小河流堤坝的加固、加高，做到防止洪水，保护农田；二是在山区，丘陵建立以水库为主体，蓄、引、滴结合的灌溉网络，结合小流域规划，控制山洪和水土流失，从根本上消除水旱灾害、在农田区建立完善的灌排沟渠网，专排专灌，排灌分家。

②平整土地。要求建设长方形格子田，2～3亩1块，做到田成方，树成行，道路到田头，沟渠连成网，能水能旱，适于现代农业的耕作和管理。丘陵山区，开好明暗沟，消灭串水，消除冷浸。对于过黏或过砂田，要客土改良改善土壤生态环境。

③增施有机肥，种好绿肥，培肥地力。高产土排水通气性好，有机质分解快，增施有机肥料，不仅可以有效地补充土壤中有机质含量，还可以更新土壤有机质，增强土壤活性。增施有机肥的办法：一是坚持积制农家肥。二是推广秸秆还田，留高桩，秸秆直接还田。三是适度恢复水田绿肥生产，扩大经济绿肥面积，提高绿肥鲜草产量，做到用养结合培肥地力。

④推广测土配方施肥，实行水旱轮作。随着生产力发展，产量不断提高，土壤中的各种养分含量也随之发生变化。要获得持续增产，就必须按作物需肥规律，根据土壤提供养分的能力来补给各种养分元素。因此，必须及时掌握土壤中养分动态变化情况，对耕层土壤开展测试调查，生产合理的配方肥，达到增产增收的目的。要消除连作带来的不良影响，预防土的次生潜育化，更新土壤环境，协调土壤中水、肥、气、热状况，就要进行合理的水旱轮作。如水田进行水旱轮作，七年水旱轮作的双季稻平均单产稻谷710 kg，比连作双季稻增产21%，水旱轮作田棉亩产69 kg，比连作棉田增产13%。土壤理化性状

明显改善，据土肥站测定：重壤田水改旱的第二年，土壤容重从 1.21 g/cm^3 下降到 1.13 g/cm^3，土壤孔隙度由 5.44% 上升到 56.6%，而且减轻了病虫害及杂草的危害。

思考交流

1. 调查当地农田、菜田、果园、绿化地都有哪些质地类型，适种植物有哪些，有无不良质地，如何进行合理改良。

2. 简述坡耕地的含义以及坡耕地存在的主要问题。

3. 改良坡耕地有哪几种方法？

4. 简述高产稳产土壤的含义。

5. 高产稳产土壤应具备哪些条件？如何培育？

任务四 土壤样品的采集与制备

一、目的要求

土壤样品的采集与制备，是土壤分析工作中的一个重要环节。其正确与否，直接影响分析结果的准确性和有无应用价值，必须按科学的方法进行采样和制样。通过实验，使学生初步掌握耕层土壤混合样品的采集和制备方法。

二、仪器用具

小铁铲（或锄头）、布袋（或塑料袋）、标签、铅笔、钢卷尺、木锤、镊子、土壤筛（18 目、60 目）、广口瓶、研钵、盛土盘等。

三、方法步骤

为了使样品具有最大的代表性，在采集与制备样品的过程中，按“随机”、“多点”和“均匀”的方法进行操作。

1. 样品采集

①样品的代表性。采样时必须按照一定的采样路线进行。采样点的分布尽量做到“均匀”和“随机”；布点的形式以蛇形为好，在地块面积小，地势平坦，费力均匀的情况下，方可采用对角线或棋盘式采样路线。采土点要避免田边、路旁、沟边、挖方、填方及堆肥等特殊地方；采样点的数目一般应根据采样区域大小和土壤肥力差异情况，酌情采集 5～20 个点。

②采样方法。在确定采样点上，先将2~3 mm表土刮去，然后用土钻或小铁铲垂直入土15~20 cm左右。每点的取土深度、质量应尽量一致，将采集的各土点样在盛土盘上集中起来，粗略选取石砾、虫壳、根系等物质，混合均匀，采用四分法，弃去多余的土，直至所需要数量为止，一般每个混合土的质量以1 kg左右为宜。

③采样时间。为了解决随时出现的问题，需要土壤测定时，应随时采样；为了摸清土壤养分变化和作物生长规律，需按作物生育期定期取样；为了制定施肥计划而进行土壤测定时，需在前作物收获后或施基肥前进行采样；若要了解施肥效果，则在作物生长期间，施肥的前后进行采样。

④装袋与填写标签。采好后的土样装入布袋中，立即写标签，一式两份，一份系在布袋外，一份放入布袋内，标签写明采样地点、深度、样品编号、日期、土样名称等。同时将此内容登记在专门的记载本上备查。

2. 土壤样品的制备

① 风干剔杂。除速效养分、还原物质的测定需用新鲜样品外，其余均采用风干土样，以抑制微生物活动和化学变化，便于长期保存。

风干土样的处理方法：将新鲜土样铺平放在木板上或光滑的厚纸上，厚约2~3 cm，放置在阴凉干燥通气清洁的室内风干。严禁暴晒或受到酸、碱气体等物质的污染，应随时翻动，捏碎大的土块，剔除根茎叶、虫体、新生物、侵入体等，经过5~7天后可达风干要求。

②磨细过筛。将风干以后的土样平铺在木板或塑料布上，用木棒碾碎，边磨边筛，直到全部通过1 mm(18目)筛孔为止。石砾和石块切勿弄碎，必须筛去，少量可弃去，多量时，应称其质量，计算其质量分数。过筛后土样经充分混匀后，用四分法分成两份，一份供pH、速效养分等测定，另一份继续仔细挑弃残存的植物根等有机体，然后磨细至全部通过0.25 nm(60目)筛孔，又按四分法取出50 g左右供有机质、全氮测定之用。

③装瓶贮存。过筛后的两份土样分别充分混合后，应分别装入具有磨口塞的广口瓶中，内外各附标签一张，标签上写明土壤样品编号、采集地点、土壤名称、深度、筛孔号、采集人及日期等。在保存期间应避免日光、高温、潮湿及酸碱气体的影响和污染，有效期一年左右。

交流研讨

1. 在土样采集和制备过程中，应注意哪些问题？

2. 为什么不能直接在磨细通过18目筛孔的土样中筛出一部分作为60目土样？

任务五 土壤有机质

有机质含量的多少是衡量土壤肥力高低的一个重要标志,它和矿物质紧密地结合在一起。在一般耕地耕层中有机质含量只占土壤干重的0.5% ~2.5%,耕层以下更少,但它的作用却很大,群众常把含有机质较多的土壤称为"油土"。土壤有机质按其分解程度分为新鲜有机质、半分解有机质和腐殖质。腐殖质是指新鲜有机质经过酶的转化所形成的灰黑土色胶体物质,通过阳光杀灭了致病的有害菌病毒寄生虫后,保留其营养物质的土壤,一般占土壤有机质总量的85% ~90%以上。

腐殖质的作用主要有以下几点:

①作物养分的主要来源。腐殖质既含有氮、磷、钾、硫、钙等大量元素,还有微量元素,经微生物分解可以释放出来供作物吸收利用。

②增强土壤的吸水、保肥能力。腐殖质是一种有机胶体,吸水保肥能力很强,一般黏粒的吸水率为50% ~60%,而腐殖质的吸水率高达400% ~600%;保肥能力是黏粒的6~10倍。

③改良土壤物理性质。腐殖质是形成团粒结构的良好胶结剂,可以提高黏重土壤的疏松度和通气性,改变砂土的松散状态。同时,由于它的颜色较深,有利吸收阳光,提高土壤温度。

④促进土壤植物的生长。腐殖质为植物生长提供了丰富的养分和能量,土壤酸碱适宜,因而有利植物生长,促进土壤养分的转化。

⑤促进作物生长发育。有机质在分解过程中产生的腐殖酸、有机酸、维生素及一些激素,对作物生育有良好的促进作用,可以增强呼吸和对养分的吸收,促进细胞分裂,从而加速根系和地上部分的生长。土壤有机质主要来源于施用的有机肥料和残留的根茬。可采用柴草垫圈、秸秆还田、割青沤肥、草田轮作、粮肥间套、扩种绿肥等措施,提高土壤有机质含量,使土壤越种越肥,产量越来越高,应当因地制宜加以推广。

思考交流

1. 什么是土壤腐殖质?试述其分离提取过程。

2. 什么是C/N?它在氮素供应上有何意义?实践上又当如何解决?

3. 试述土壤腐殖质在土壤肥力方面的意义和作用,并简略说明理由。

4. 同一自然地区,水田土壤腐殖质含量为什么比旱地高?

5. 某土壤有机质含量为2.0%,年矿化率为2.5%。假定所施用的有机肥为鲜玉米杆，其腐殖化系数为0.3(设每亩耕层土壤为150 000 kg，鲜玉米杆含水量为70%)，问：

(1)维持土壤有机质含量不变，每年至少需要施用多少鲜玉米杆？

(2)如一年施3 000 kg/亩鲜玉米杆，能提高有机质多少？

一、土壤有机质的来源及组成

土壤有机质泛指以各种形态存在于土壤中的各种含磷有机化合物。土壤有机质是土壤的重要组成部分，并被认为是土壤肥力的物质基础。

1. 土壤有机质的来源

动植物、微生物的残体和有机肥料是土壤有机质的基本来源。新鲜的有机质，主要是指土壤中未分解的生物残体。半分解的有机质，主要是指新鲜有机质经微生物的分解作用，其最初结构已经被破坏，外观呈黑色。

腐殖质是有机质经过微生物分解和再合成的一种褐色或暗褐色的大分子胶体物质，它与矿质土粒结合紧密，不能用机械方法分离。

2. 土壤有机质的组成与性质

①糖类、有机酸、醛、醇、酮类以及相近化合物。

②纤维素和半纤维素。半纤维素$(C_6H_{10}O_5)_n$在稀酸、稀碱的溶液中处理易于水解，纤维素则在较强的酸和碱的处理下，才可以水解，二者均能被微生物所分解。

③木质素。木质素是复杂的有机化合物，是木质纤维素的主要组分。特点：木质素稳定，不易被细菌和化学物质所分解，但可被真菌、放线菌所分解，木质素的成分随植物不同而有所差异。

④树脂、脂肪、腊质、单宁等。该类有机化合物不易溶于水，而易溶于醇、醚及苯中，是十分复杂的化合物，该类物质在土壤中，除脂肪分解快外，一般都很慢且极难彻底分解。

⑤含氮化合物。生物体中的主要含氮化合物为蛋白质，各种蛋白质水解后，一般可产生许多种不同的氨基酸。蛋白质的成分除了C、H、O、N外，还含有S、P和Fe等营养元素。一般而言，含氮化合物易被微生物分解，生物体中常有一小部分简单的可溶性氨基酸，可被微生物直接吸收，但大部分的含氮化合物需要经过微生物分解后，才能被利用。

二、土壤有机质的转化过程

土壤有机质在微生物作用下，可进行两个对立的过程：有机质的矿化和殖化过程。这两个过程相互联系不可分割，随外界条件的改变而相互转化。

(一)转化

1. 土壤有机质的矿质化过程

即有机质被分解为简单的无机化合物,如 CO_2、H_2O、NH_3 等,包括以下几个过程:

(1)不含氮有机质的转化

微生物在分解有机质的过程中,首先向外界环境中分泌出水解盐,使复杂的有机物转化为简单的可溶性物质。

(2)含氮有机物质的转化

植物利用的氮素主要是无机态化合物 NO_3^-、NH_4^+,而土壤中的氮素主要以有机化合物的形式存在,这些含氮化合物不断分解转化,才能变为无机氨化物,以供植物需求,而微生物在这个转化过程中起重要作用。含氮有机物质的转化有水解过程、氨化过程、硝化过程及反硝化过程,掌握这几个过程的转化特点。

(3)含磷有机物质的转化

土壤中含磷的有机化合物有核蛋白、核酸、磷脂和 ATP,在各种腐生型微生物的作用下,形成磷酸,成为植物能够吸收利用的养料。

即,含磷有机物质在磷细菌的作用下,水解产生磷酸:

核蛋白 → 核素 → 核酸 → 磷酸

卵磷脂 → 甘油磷酸酯 → 磷酸

(4)含硫有机物质的转化

土壤中含硫的有机物质主要为胱氨酸、半胱氨酸等,在微生物的作用下产生硫化氢,它在嫌气条件下易积累,对作物产生毒害作用,但在通气良好的情况下,H_2S 在硫细菌的作用下氧化为硫酸,成为作物养分的来源。

2. 土壤有机质的腐殖化过程

有机质的分解主要靠水解酶,腐殖质的合成主要是氧化酶的作用。腐殖质的形成经历了两个阶段。第一阶段:微生物将动植物残体转化为腐殖质的组分,如芳香族化合物(多元酚)和含氮的化合物(氨基酸和多肽);第二阶段:在微生物的作用下,各组分通过缩合作用合成腐殖质的过程。

在第二阶段中,微生物分泌的多酚氧化酶将多元酚氧化为醌,醌与其他含氮化合物合成腐殖质。

腐殖质的形成和分解两个对立的过程与土壤肥力均有密切的关系,协调和控制这两种作用,是农业生产中的重要问题。

(二)影响土壤有机质转化的因素

1. 有机残体的碳氮比(C/N)

禾本科秸秆 C/N=50 ∶1 ~ 80 ∶1,故分解慢。

豆科植物 C/N=20 ∶1 ~ 30 ∶1,故分解快,对硝化作用的阻碍小。

2. 土壤通气状况

土壤良好的通气状况,有利于好气微生物的活动,使有机质进行好气分解。

3. 土壤水分和温度状况

有机质的分解强度与土壤含水量有关。土壤处于风干状态(只含吸湿水),微生物因缺水而活动能力降低,分解缓慢;当土壤湿润时,微生物活动旺盛,分解作用加强,但若水分含量过多,影响土壤通气,会降低其分解速率。有机质分解的速率与温度有关。在一定的范围内,有机质分解随温度的升高而加快。

4. 土壤反应(pH)

不同的土壤反应,有不同种类微生物来分解有机质,影响有机质转化的方向和强度。如真菌适于酸性环境(pH 为 3 ~6),细菌适应于中性环境,放线菌适应于微碱性环境。

三、土壤腐殖质

1. 腐殖质组分的分离

腐殖酸是腐殖质的主要成分,腐殖质是一类组成和结构都很复杂的天然高分子聚合物,主体是腐殖酸与金属离子相结合的盐类,要想研究腐殖酸,就必须将之从土壤中提取出来,但较为困难,目前常用的方法是:先将土壤中未分解或部分分解的动植物残体分离,然后用不同的溶剂来浸提土壤,根据性质的不同,将腐殖质划分为三个组分:黄腐酸(富里酸)、褐腐酸(胡敏酸)、黑腐酸(胡敏素)。

2. 腐殖质在土壤中存在的形态

土壤中腐殖质大致以四种形态存在:

①游离态腐殖质,在土壤中占极少部分,常见于红壤中;

②与矿物质成分中的强盐基化合成稳定盐类,主要是腐殖酸钙、镁,常见于黑土中;

③与含水三氧化物($Al_2O_3 \cdot xH_2O$、$Fe_2O_3 \cdot yH_2O$)化合成复杂的凝胶体;

④与黏粒结合成有机—无机复合体。

以上四种形态中,以第四种最重要,它常占腐殖质的大部分。总之,腐殖质在土壤中主要是与矿物质胶体结合,形成有机—无机复合胶体。

3. 腐殖质的性质

(1)腐殖质的元素组成

腐殖质不是一类纯化合物,而是代表一类有着特殊化学和生物特性的构造复杂的高分子有机化合物。

腐殖酸主要是由 C、H、O、N、S 等元素组成,此外还含有少量的 Ca、Mg、Fe、Si 等灰分元素。腐殖质含 C 约 55% ~60% (平均为 58%),所以在计算土壤腐殖质含量时,以土壤有机碳含量% ×1.724 作为其含量。

(2)腐殖酸分子的结构和相对分子质量

腐殖酸的共同特点是:分子结构非常复杂,属于大分子聚合物,以芳香族为主体,附以各种功能团,主要功能团为酚羟基、羟基、甲氧基($—OCH_3$),并有氮环状化合物,这部分氮较难分解,只有在芳环被破坏后,才能释放出来。腐殖酸分子量因土壤不同而异,褐腐酸大于黄腐酸,我国黑土和砖红壤褐腐酸平均分子量为 2 500 和 2 000,黄腐酸为680 ~1 450。

(3)腐殖酸的电性

腐殖酸的组分中有各种含氧功能团,故表现出多种活性。如离子交换,对金属离子的络合能力以及氧化-还原性质,这些性质均与腐殖酸的电性有关。就电性而言,腐殖酸呈两性胶体,它表面上既带负电又带正电,而通常以负电荷为主。

(4)腐殖酸的溶解度和凝聚

①腐殖酸的溶解度。

胡敏酸的缩合程度高,相对分子质量大,酸性小,易发生凝聚,可增加土壤的保水、保肥性。胡敏酸有四个羧基、三个或更多的酚羟基,所以呈酸性,具有阳离子交换的性能,阳离子交换量大。

褐腐酸不溶于水,呈酸性,与一价金属离子(K^+、Na^+、NH_4^+ 等)形成的一价盐类可溶于水,而与 Ca、Mg、Fe、Al 多价盐基离子形成的盐类,溶解度大大降低。常以 HA/FA 的大小作为土壤肥力和熟化度的。

黄腐酸有相当大的水溶性,其溶液的酸性较强,它与一价、二价金属离子形成的盐类也能溶于水。

腐殖酸可与 Fe、Al、Cu、Zn 等高价金属离子形成络合物,络合物稳定性随介质 pH 值的升高而增大,随介质 H^+的提高而降低。

②腐殖酸的凝聚。腐殖质是带电荷的有机胶体,根据电荷同性相斥的原理,所形成的腐殖质胶体在水中是分散的溶胶状态,增加的电解质浓度或高价离子,则电性增加而相互凝聚,形成凝胶,腐殖质在凝聚过程中可使土粒胶结起来形成结构体。

4. 我国主要土壤腐殖质的特征

在元素组成方面,我国主要土壤中褐腐酸的 C 含量在 43.9% ~59.6% 之间,H 含量

3.1% ~7.0%，O+S 为 31.3% ~41.8%，N 为 2.8% ~5.9%；黄腐酸 C 含量在 43.4% ~52.6%，H 4.0% ~5.8%，O+S 为 40.1% ~49.8%，N 为 1.6% ~4.3%。

在干旱条件下，黄土母质发育的土壤所含的腐殖酸以褐腐酸为主，且多与 Ca^{2+} 结合。按 C 量计算，全部褐腐酸约占腐殖质的 38% ~56%。淋溶黑土腐殖质中，褐腐酸仅占30%左右，且有相当数量与 P_2O_5 结合，红壤中褐腐酸的含量仅 6% ~7%，且多呈游离态存在。

褐腐酸与黄腐酸的比值（HA/FA）是土壤腐殖质的组成和性质的指标之一，可作为土壤肥力与熟化程度的标志。

四、土壤有机质的作用及调节

土壤有机质在土壤肥力与植物营养中具有重要的作用，具体来讲，表现在以下两个方面：

（1）增强土壤的保水保肥能力

腐殖质疏松多孔，又是亲水胶体，能保持大量的水分。研究表明，腐殖质的吸水率为500% ~600%，而黏粒的吸水力为 50% ~60%，能大大提高土壤的保水能力。

腐殖质属两性胶体，带正、负电荷，故可吸附阴阳离子，又以其电性以负电荷为主，它主要吸附阳离子。养料阳离子如 K^+、NH_4^+、Ca^{2+}、Mg^{2+} 等，一旦被吸附，可避免随水流失，与其他阳离子可以交换，故不失其对作物的有效性，所以具有保肥性。

（2）促进团粒结构的形成，改善土壤物理性质

腐殖质在土壤中主要以胶膜形式包被在矿质土粒表面，由于它是一种胶体，尤其是 Ca^{2+} 存在的条件下，腐殖质产生凝聚作用，形成良好的水稳性团粒结构。黏结力强于砂粒，施于砂土后能增加砂土黏结性，可促进团粒结构的形成，另一方面，由于它疏松、多孔、黏结力不如黏粒强，所以被它包被后，而形成散碎的团粒，使土壤变的疏松而不再结成硬块，所以，有机质可使黏土变松，砂土变紧，调节土壤透水、通气性能，提高土壤耕性，适耕期长，耕作质量相应提高。

五、土壤有机质的平衡

土壤有机质的腐殖质和腐殖质含量的多少，是土壤肥力高低的一项重要标志，在一定的有机质含量范围内，土壤肥力随有机质含量的增加而提高。作物产量也随有机质含量的增加而增加，但有机质不是愈多愈好，当超过一定范围时，这种关系就不明显。

土壤有机质的含量决定于年生成量和年矿化量的相对大小，当两者相等时，有机质含量将保持不变。当生成量大于矿化量时，有机质含量将逐渐增加，反之则逐渐降低，年生成量与施用有机物质的腐殖化系数有关。

通常将每克有机物(干重)施入土壤后,所能分解转化成腐殖质的克数(干重),称之为腐殖化系数,通常为0.2～0.5之间。同一物质的腐殖化系数,因不同的生物、气候条件、土壤组成及耕作条件而异,如:水田的腐殖化系数大于旱地。要想增加土壤中的有机质,一方面要增加有机质的来源,合理安排耕作制度,实施粮、绿轮作,增施各种有机肥料,另一方面则需要了解影响有机质积累和分解的因素,以便对其积累和分解过程起调节作用,使有机质的积累和消耗达到动态平衡。

调节措施:

(1)种植绿肥作物

绿肥分解快,形成腐殖质也较迅速。绿肥作物可固氮,使用绿肥后所增加的腐殖质量和原腐殖质的量相比,除抵消部分外,腐殖质还可增加。

(2)发展畜牧业,增施有机肥料

农业发展为畜牧业提供丰富的饲料,从而促进畜牧业的发展,而畜牧业的发展,还为农业提供大量的有机肥料,促进农业的发展。

(3)秸秆还田

秸秆直接还田是增加土壤有机质和提高作物产量的一次有效措施。

六、土壤微生物

土壤微生物的种类很多,需要抑制有害菌,利用这些菌产生植物需要的一些养料,如进行有效的阳光照射后,细菌、真菌、放线菌、原生动物被有效地杀灭,腐体可作养料。土壤微生物的数量很大,1 g土壤中就有几亿到几百亿个。1亩地耕层土壤中,微生物的重量有几百斤*到上千斤。土壤越肥沃,微生物的利用率也越高。

狭义的细菌为原核微生物的一类,是一类形状细短,结构简单的原核生物,是在自然界分布最广、个体数量最多的有机体,是大自然物质循环的主要参与者,量少不宜致病,量多时可致病。

植物茎叶中含有果胶酶、纤维素酶、过氧化氢酶、琥珀酸硫激酶、琥珀酸脱氢酶、延胡索酸酶、苹果酸脱氢酶等,把植物的茎叶作为肥料,是作物生长的必要营养的来源。

微生物在土壤中的主要作用如下:

①分解有机质。作物的残根败叶和施入土壤中的有机肥料,只有经过土壤微生物的作用,才能腐烂分解,释放出营养元素,供作物利用,并且形成腐殖质,改善土壤的理化性质。

②分解矿物质。例如磷细菌能分解出磷矿石中的磷,钾细菌能分解出钾矿石中的

* 1斤=500克。

钾,以利作物吸收利用。

③固定氮素。氮气在空气的组成中占4/5,数量很大,但植物不能直接利用。土壤中有一类叫做固氮菌的微生物,能利用空气中的氮素作食物,在它们死亡和分解后,这些氮素就能被作物吸收利用。固氮菌分两种,一种是生长在豆科植物根瘤内的,叫根瘤菌,种豆能够肥田,就是因为根瘤菌的固氮作用增加了土壤里的氮素;另一类单独生活在土壤里就能固定氮气,叫自生固氮菌。另外,有些微生物在土壤中会产生有害的作用。例如反硝化细菌,能把硝酸盐还原成氮气,放到空气里去,使土壤中的氮素受到损失。实行深耕、增施有机肥料、给过酸的土壤施石灰、合理灌溉和排水等措施,可促进土壤中有益微生物的繁殖,发挥微生物提高土壤肥力的作用。

思考交流

1. 为什么说土壤微生物是土壤有机质转化过程的主导因素?
2. 土壤中的微生物有哪些种类?

任务六　土壤有机质含量的测定

一、目的要求

土壤有机质含量是衡量土壤肥力的重要指标,对了解土壤肥力状况,进行培肥、改土有一定的指导意义。

通过实验了解土壤有机质测定原理,初步掌握测定有机质含量的方法及注意事项。能比较准确地测出土壤有机质含量。

二、方法原理

在加热条件下,用稍过量的标准重铬酸钾-硫酸溶液,氧化土壤有机碳,剩余的重铬酸钾用标准硫酸亚铁(或硫酸亚铁铵)滴定,由所消耗标准硫酸亚铁的量计算出有机碳量,从而推算出有机质的含量,其反应式如下:

$$2K_2Cr_2O_7+3C+8H_2SO_4 \rightarrow K_2SO_4+2Cr_2(SO_4)_3+3CO_2\uparrow+8H_2O$$

$$K_2Cr_2O_7+6FeSO_4+7H_2SO_4 \rightarrow K_2SO_4+Cr_2(SO_4)_3+3Fe_2(SO_4)_3+8H_2O$$

用 Fe^{2+} 滴定剩余的 $K_2Cr_2O_7$ 时,以邻啡罗啉($C_2H_8N_2$)为氧化还原指示剂,在滴定过程中指示剂的变色过程如下:开始时溶液以重铬酸钾的橙色为主,此时指示剂在氧化条件下,呈淡蓝色,被重铬酸钾的橙色掩盖,滴定时溶液逐渐呈绿色(Cr^{3+}),至接近终点时变为灰绿色。当 Fe^{2+} 溶液过量半滴时,溶液则变成棕红色,表示颜色已到终点。

三、仪器试剂

1. 仪器用具

硬质试管（18 mm×180 mm）、油浴锅、铁丝笼、电炉、温度计（0～200℃）、分析天平（感量0.000 1 g）、滴定管（25 mL）、移液管（5 mL）、漏斗（3～4 cm），三角瓶（250 mL）、量筒（10 mL，100 mL）、草纸或卫生纸。

2. 试剂配制

①0.133 3 mol/L重铬酸钾标准溶液。称取经过130℃烘烧3～4 h的分析纯重铬酸钾39.216 g，溶解于400 mL蒸馏水中，必要时可加热溶解，冷却后架蒸馏水定容到1 000 mL，摇匀备用。

②0.2 mol/L硫酸亚铁（$FeSO_4 \cdot 7H_2O$）或硫酸亚铁铵溶液。称取化学纯硫酸亚铁55.60 g或硫酸亚铁铵78.43 g，溶于蒸馏水中，加6 mol/L H_2SO_4 1.5 mL，再加蒸馏水定容到1 000 mL备用。

③硫酸亚铁溶液的标定。准确吸取3份0.133 3 mol/L $K_2Cr_2O_7$标准溶液各5.0 mL于250 mL三角瓶中，各加5 mL 6 mol/L H_2SO_4和15 mL蒸馏水，再加入邻啡罗啉指示剂3～5滴，摇匀，然后用0.2 mol/L $FeSO_4$溶液滴定至棕红色为止。

四、操作步骤

①准确称取通过60号筛的风干土样0.100 0～0.500 0 g（称量多少依有机含量而定），放入干燥硬质试管中，用移液管准确加入0.133 3 mol/L重铬酸钾溶液5.00 mL，再用量筒加入浓硫酸5 mL，小心摇动。

②将试管插入铁丝笼内，放入预先加热至185～190℃间的油浴锅中，此时温度控制在170～180℃之间，自试管内大量出现气泡时开始计时，保持溶液沸腾5 min，取出铁丝笼，代试管稍冷却后，用草纸擦拭干净试管外部油液，放凉。

③经冷却后，将试管内容物洗入250 mL的三角瓶中，使溶液的总体积达60～80 mL，酸度为2～3 mol/L，加入邻啡罗啉指示剂3～5滴摇匀。

④用标准的硫酸亚铁溶液滴定，溶液颜色由橙色（或黄绿色）经绿色、灰绿色变到棕红色即为终点。

⑤在滴定样品的同时，必须做两个空白试验，取其平均值。空白试验用石英砂或灼烧的土代替土样，其余操作相同。

五、结果计算

$$\text{有机质含量}=\frac{(V_0-V)\times c\times 0.003\times 1.724\times 1.1}{m}\times 10$$

式中：c——表示硫酸亚铁消耗的摩尔浓度(mol/L)；

V_0——空白试验消耗的硫酸亚铁溶液的体积(mL)；

V——滴定待测土样消耗的硫酸亚铁的体积(mL)；

0.003——1/4 mmol 碳的克数；

1.724——由土壤有机碳换算成有机质的换算系数；

1.1——校正系数(用此法氧化率为90%)。

六、注意事项

①土壤有机质含量为7%～15%时，可称取0.100 0 g；2%～4%时可称取0.300 0 g；少于2%时的，称取0.500 0 g以上。

②消煮时计时要准确，因为对分析结果的准确有较大的影响。

③对含氮化物多的土壤样品，应加入0.1 mol/L左右的硫酸银，以消除氯化物的干扰。

④测定石灰性土样时，必须徐徐加入浓硫酸，以防止由碳酸钙分解时激烈发泡而引起飞溅损失样品。

⑤在测定还原性强的水稻土时，把已磨细的样品，摊成数层风干十余天，使还原性物质充分氧化后，再测定。

⑥烧煮完毕后，溶液的颜色为橙黄色或黄绿色。若是以绿色为主，说明重铬酸钾用量不足，在滴定时，消耗硫酸亚铁量小于空白试验的1/3时，均应弃去重做，因为没有氧化完全。

⑦土壤样品中存留植物根、茎、叶等有机物时，必须用尖头镊子挑选干净。

⑧油浴时，最好选用磷酸代替植物油，易于洗涤，污染少，同时，也便于观察。

思考交流

1. 测定土壤有机质时，加入 $K_2Cr_2O_7$ 和 H_2SO_4 的作用是什么？
2. 为什么在滴定时，消耗的硫酸亚铁量小于空白试验的1/3时要弃去重做？
3. 为什么重铬酸钾溶液需要用移液管准确加入，而浓硫酸则可用量筒取呢？
4. 试述滴定时溶液的变色过程，为什么会出现这样的颜色变化？

项目二

土壤物理性质测定

【任务】

1. 掌握土壤密度、容重、孔隙度的概念、关系;孔隙的类型及作用;

2. 了解土壤结构体类型、特征,团粒结构的特点;

3. 掌握耕性的概念含义、物理结构特征与耕性的关系。

【能力目标】

1. 能描述土壤密度、容重、孔隙度的概念、关系;

2. 能正确地指出土壤结构体类型、特征,团粒结构的特点;

3. 能指出耕性的概念含义、物理结构特征与耕性的关系。

【任务分析】

每4~5人为一个学习组,由一人负责,统筹安排查阅资料并整理,学习组一起讨论,围绕土壤物理性质制作汇报材料,期间提出存在的疑问,教师引导答疑。

【工作过程】

1. 资料查阅

学习组成员根据给定的工作任务在图书馆、互联网上搜索土壤物理性质相关材料并整理。

2. 资料汇总,制作汇报材料

(1)将所搜集的材料按照类别进行汇总;

(2)指导学生使用相关工具,测定土壤密度、容重、孔隙度,制作完成汇报材料。

3. 汇报,交流

组织各组进行汇报,提问、交流。

任务一　土壤孔性

土壤是所有陆地生态系统的基底或基础,土壤中的生物活动不仅影响着土壤本身,而且也影响着土壤上面的生物群落。生态系统中的很多重要过程都是在土壤中进行的，其中特别是分解和固氮过程。生物遗体只有通过分解过程才能转化为腐殖质和矿化为可被植物再利用的营养物质，而固氮过程则是土壤氮肥的主要来源。这两个过程都是整个生物圈物质循环所不可缺少的过程。

土壤物理性质测定主要测量和确定土壤不发生化学变化就能表现出来的性质。土壤物理性质与其水分、空气、热量状况以及对农田灌排的要求和耕作效果密切相关。测定土壤物理性质是设计灌排工程、进行土壤管理的基础工作。

一、土壤孔隙性

土壤孔性、结构性和耕性是土壤三项重要的物理性质，三者密切相关。三者对土壤的松紧状况均有影响，而土壤松紧状况伸展影响到根的发育及植物的生长发育、土壤水分、空气、养分的转化。

1. 土壤孔性

土壤孔性包括孔隙的数量、孔隙的大小及其比例，土壤孔隙的数量用孔隙度或孔隙比表示。

2. 土壤孔度与孔隙比

土粒或团聚体之间以及团聚体内部的空隙叫土壤孔隙。土壤孔隙的容积占整个土体容积的百分数称为土壤孔度，又称总孔度。它是衡量土壤孔隙的数量指标。

$$土壤孔度=孔隙容积 / 土壤容积 \times 100\%$$

孔隙比：它是土壤中孔隙容积与土粒容积的比值 。其值为 1 或稍大于 1 为好。

$$孔隙比 = 孔度 / (1 - 孔度)$$

3. 孔隙的分级

土壤孔度与孔隙比只能说明土壤“量”的问题，并不能说明土壤孔隙“质””的差别，即使两种土壤孔度与孔隙比相同，如果大小孔隙的数量分配不同，则它们的保水、透水、通气以及其他性质会有差异，因此，应将孔隙按其大小和作用分为若干级。

通常根据孔隙的大小及作用将土壤孔隙分为三级：非活性孔隙、毛管孔隙和通气孔隙。

(1)非活性孔隙

这是土壤中最微小的孔隙，当量孔隙在 0.002 mm 以下，土壤水吸力为 1 500 kPa 以上。这种孔隙中，几乎是被土粒表面的吸附水所充满。土粒对这些水有较强的分子引力，使它们不易运动，也不易损失，无效孔径中植物的根与根毛难以伸入，供水性差，这部分水不能为植物所利用。这种孔隙内无毛管作用，也不能通气、透水，耕作的阻力大，(如质地黏重的土壤)，不利于农业的利用，故称为无效孔隙。

(2)毛管孔隙

是指土壤中毛管水所占据的空隙,其当量孔隙为 0.02 ~ 0.002 mm ,土壤水吸力为 150 ~ 1 500 kPa 。植物的细根、原生动物和真菌等很难进入毛管孔隙中,但植物根毛和一些细菌可在其中活动,有利于养分的吸收与转化,毛管孔隙保存的水分可被植物吸收利用,为有效孔隙。

(3) 通气孔隙

这种孔隙较为粗大,其当量孔径大于 0.02 mm ,相应的土壤水吸力小于 150 kPa 。通气孔隙的水分主要受重力支配而排出,不具有毛管作用,成为空气流动的通道,不具有毛管作用,所以叫通气孔或非毛管孔。

非活性孔度=(非活性孔容积 / 土壤总容积)×100% =凋萎含水量×容重

毛管孔度 =(毛管孔容积 / 土壤总容积)×100% =

(毛管持水量-凋萎含水量)×容重=

田间持水量×容重-非活性孔度

通气孔度= (通气孔容积 / 土壤总容积) ×100%

土壤孔度= (土体容积-土粒容积) / 土壤容积 ×100% =

(1-土粒容积 / 土壤容积) ×100% =

[1-土壤重量 / 密度) / (土壤重量 / 容重)]×100% =

(1-容重 / 密度) ×100%

二、土壤密度和容重

1. 土壤密度

土壤密度是单位体积土粒(不含孔隙)的烘干质量。单位为 g/cm^3 或 t/m^3。其大小与土壤矿物组成、有机质含量有关,因此,土壤的固相组成不同,其密度也不同(见表 2-1)。

表 2-1 土壤中常见矿物和腐殖质的密度

成分	密度/ $(g \cdot cm^{-3})$	成分	密度/ $(g \cdot cm^{-3})$
蒙脱石	2.53 ~ 2.74	黑云母	2.80 ~ 3.20
正长石	2.54 ~ 2.58	白云母	2.80 ~ 2.90
高岭石	2.60 ~ 2.65	角闪石、辉石	2.90 ~ 3.60
石英	2.60 ~ 2.70	褐铁矿	3.60 ~ 4.00
斜长石	2.67 ~ 2.76	赤铁矿	4.90 ~ 5.30
方解石	2.71 ~ 2.90	伊利石	2.60 ~ 2.90
白云母	2.76 ~ 3.10	腐殖质	1.40 ~ 1.80

多数矿物的密度多在2.6～2.7 g/cm^3范围内，有机质密度为1.4～1.87 g/cm^3。由于土壤有机质含量并不多，所有一般情况下，土壤密度常取值为2.65 g/cm^3。如果有特殊要求则可以单独测定。

2. 土壤容重

土壤容重是指在田间自然状态下，单位体积土壤(包括土粒及粒间的孔隙)烘干土质量，单位也是 g/cm^3或 t/m^3。其大小随土壤三相组成的变化而变化，多数土壤容重为1.0～1.8 g/cm^3；沙质土多为1.4～1.7 g/cm^3，黏质土一般为1.1～1.6 g/cm^3，壤质土介于两者之间。土壤容重可用来计算一定面积耕层土壤的重量和土壤孔隙度；也可作为土壤熟化程度指标之一，熟化程度较高的土壤，容重常较小。

土壤容重是一个十分重要的指标和基本数据，主要应用在：

(1)计算土壤质量。利用土壤容重可以计算单位面积土壤的质量。如测得土壤容重为1.20 g/cm^3，则1 hm^2(1 hm^2＝10 000m^2)耕层土壤(深度为20 cm)的质量为

$$m=1.20\times 10\,000\times 0.2=2\,400\ t$$

另外，根据以上计算，可知一定面积土壤上填土或挖土的实际土方量，可作为土石方工程设计的依据。

(2)计算土壤组分储量。根据1 hm^2耕层土壤质量计算单位面积土壤中水分、有机质、养分、盐分等的质量。例如，上例中测得土壤有机质含量为15 g/kg，则1 hm^2耕层(深度为20 cm)的有机质的储量为：

$$m_o=2\,400\times 15\div 1\,000=36t$$

(3)计算灌水(或排水)定额。如测得土壤实际含水量为10%，要求灌水后达到20%，则1 hm^2耕层土壤(深度为20 cm)的灌水量为：

$$m_w=2\,400\times(20\%-10\%)=240t$$

(4)判断土壤的松紧程度。对于大多数土壤来讲，含有机质多而结构好的耕层土壤容重宜为1.1～1.3 g/cm^3，在此范围内，有利于幼苗的出土和根系的生长。另外水田土壤的容重(称为浸水容重)宜为0.5～0.6 g/cm^3，如果大于0.6 g/cm^3，水田会出现淀浆板结；如小于0.5 g/cm^3，则易起浆，水层浑浊。

土壤孔隙大小和数量影响土壤的松紧状况，而土壤松紧状况的变化又反过来影响土壤孔隙的大小和数量，二者密切相关。土壤疏松时，保水与透水能力强，而土壤紧实时，通气差，渗水慢，在多雨季节易产生地面积水和地面径流；但在干旱季节，由于土壤疏松，则易通风跑墒，不利于水分保蓄，故多采用耙、耱与镇压等措施，保墒土壤水分。

土壤松紧和孔隙状况由于影响水气的含量，也就影响到养分的有效化和保肥供肥性能，还影响到土壤的增温与稳温，因此，土壤松紧和孔隙状况对土壤肥力有巨大的影响。

三、土壤孔隙性及其对肥力的影响

土壤孔隙性对肥力的影响:主要影响土壤的水气性质,包括水气比例与通气透水性和保水性。

作物适宜的孔隙性:耕层的上层土壤(0~15 cm)的总孔隙度50%~60%,通气孔隙度12%~20%,下层土壤(15%~30 cm)的总孔隙度50%,通气孔隙度不低于10%。即总孔隙度在50%左右,大小孔隙同时存在且比例约1/2,无效孔隙度低。在土体中分布为上"虚"下"实",上"虚"利于通气透水、作物种子发芽出土;下"实"利于保水保肥和根系下扎。我国土壤耕层中的全氮含量大概变动在0.05%~0.25%。其中东北地区的黑土是我国土壤平均含氮量最高的土壤,一般为0.15%~0.35%。而西北黄土高原和华北平原的土壤含氮量较低,一般为0.05%~0.1%。华中华南地区,土壤全氮含量有较大的变幅,一般为0.04%~0.18%。在条件基本相近的情况下,水田的含氮量往往高于旱地土壤。我国绝大部分土壤施用氮肥都有一定的增产效果。

交流研讨

1. 植物生长发育适宜于什么样的土壤孔隙状况?土壤孔隙性的调节措施有哪些?
2. 适合作物生长的土壤孔隙状况是什么土体孔隙构形?
3. 影响土壤孔隙状况的因素有哪些?

任务二 土壤的结构性

一、土壤结构的类型及其特性

土壤结构的类型多种多样,见图2-1,图2-2。

1. 块状结构

特点近立方体型,纵轴与横轴大致相等,边面与棱角不明显。块状结构按其大小分:大块状结构(轴长大于5 cm)、块状结构(轴长3~5 cm)和碎块状结构(轴长0.5~3 cm)。块状结构土壤黏重,在缺乏有机质的表土中常见,特别是土壤过湿或过干,最易形成。表层多见大块状结构,心土和底土多见块状和碎块状结构。

2. 核状结构

近立方体,边面和棱角较为明显,轴长0.5~1.5 cm,一般多分布于缺乏有机质的心、底土层中。

3. 柱状结构

这类结构纵轴远大于横轴，在土体中呈直立状态。按棱角明显程度分为：柱状结构、棱柱状结构。

这类结构往往存在于心、底土层中，是在干湿交替的作用下形成的。有柱状结构的土壤，土体紧实，结构体内孔隙小，但结构体之间有明显的裂隙。如水稻田心土层中有柱状结构，就会引起漏水、漏肥。

图 2－1　土壤结构

4. 片状结构

横轴远大于纵轴呈薄片状，老耕地的犁底层中常见到，此外，在雨后或灌水后所形成的地表结壳和板结层，属于片状结构。

片状结构不利于通气、透水。会影响种子发芽和幼苗出土，还加大土壤水分蒸发，因此生产上要进行雨后中耕松土，以消除地表结壳。

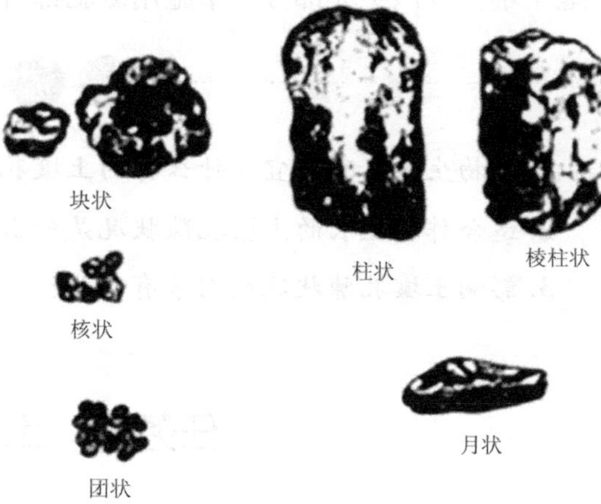

图 2－2　土壤结构

5. 团粒结构

指近似球形，疏松多孔的小团聚体，其直径约为 0.25 ~ 10 mm。粒径小于 0.25 mm 的称微团粒。生产中最理想的团粒结构粒径为 2 ~ 3 mm，是一种较好的土壤结构类型。

团粒结构：

①水稳性团粒结构：经水浸泡较长时间不散的叫水稳型团粒结构。

②非水稳性团粒结构：经水浸泡立即松散的叫非水稳性团粒结构（粒状结构）。

二、团粒结构与肥力的关系

1. 协调土壤水、气矛盾

团粒结构的土壤，大小孔隙比例适当，团粒内部为小孔隙，团粒之间是大孔隙，能同时供给植物以水分和空气，当降雨或灌水时，水分很快通过大孔隙进入土层，又能较快的进入团粒内部的小孔隙内，使团粒结构充满水分，减少了地表径流和侵蚀。当土壤干燥时，表土层团粒结构的水分蒸发，慢慢变干，干燥后，团粒的体积收缩，与下面团粒间空隙加大,破坏了与上层的联系,形成隔离层,水分不能自下层土壤上升蒸发,使下层团粒内的水分仍被保存着。因此,对于团粒结构多的土壤而言,无论是多雨还是干旱,土壤下层团粒内总保持有一定的水分,每个团粒就是一个"小水体",有团粒结构的土壤,水和空气是协调的。

2. 协调土壤有机养分消耗与积累矛盾

在养分方面,由于团粒结构大,孔隙内有空气存在,故团粒结构表面的有机质能被微生物进行好气分解,成为植物可以利用的养分。团粒内部则一方面因为由水分充塞,另一方面,因为外部进行的好气分解消耗了 O_2,而造成嫌气环境,腐殖质得以累积,养分可以得到保存,因此,有团粒结构的土壤,能源不断地供给作物需要的养分,有"小肥料库"的作用。

3. 能稳定土壤温度,使温度状况适宜

团粒结构中水、气协调,有机质较多,土色比较深暗,土壤温度变化较小,整个土层的温度得到土壤水分的调节。白天比不保水的砂土土温底,夜间却比砂土土温高,所以白天、黑夜,土温温度变幅小,利于植物发根生长。

4. 改良土壤耕性,有利于根系伸展

有团粒结构的土壤,黏着性适宜,土壤疏松多孔,易于耕作管理。松软多孔的土壤,根系穿插阻力小,根系能较均匀分布,增大吸收面积。在较适的扎根条件下根系生长旺盛。

因此,团粒结构是改进土壤固、液、气三相比的一个重要因素。有团粒结构的土壤中,水、肥、气、热比较相互协调,被称为土壤肥力调节器。

三、土壤团粒结构的形成

1. 土壤团粒结构的形成过程

团粒结构的形式过程可分为两个阶段。

第一阶段:由单粒在胶体凝聚、水膜黏结以及胶结作用下形成初级复粒或致密的小土团。

第二阶段:初级复粒进一步逐级黏合、胶结、团聚,依次形成第二级、第三级及微团聚体的过程。

2. 团粒结构形成的必备条件

①胶结物质。包括有机胶体、无机胶体、胶体凝聚物质。

②成型动力。包括土壤生物的作用,干湿交替、冰融交替和晒垡作用,适宜土壤含水量下耕作。

四、土壤结构的改善与恢复

1. 精耕细作,增施有机肥料

精耕细作结合施用有机肥料是我国目前大多数地区创造良好结构的主要方法。

在耕层的浅土壤上，采用深耕，加深耕层，结合施用有机肥料，加速土壤熟化。但是施用有机肥料必须与精耕细作相结合，使土粒与有机质混合均匀，做到土肥相融，才能充分发挥腐殖质的胶结作用，我国各地的高产肥沃土壤也都是通过这种措施来创造优良结构的。

2. 合理轮作倒茬，扩大绿肥及牧草的种植面积

各种作物本身的生物学特点和相应的耕作管理制度对土壤团粒结构的形成具有很大的影响。如小麦、谷子等密植作物，根系密集，本可以创造较多的团粒结构，但因中耕次数少，非水稳性团粒结构不多，土壤易板结，形成坷拉；而棉花、玉米等中耕作物，由于植株密度小，根系数量少，形成水稳性团粒结构少，但由于中耕次数多，能创造较多的非水稳性团粒结构；豆科和禾本科绿肥作物不仅根系密集，而且还能够吸收大量钙质（前者）留耕层，这对创造水稳性团粒结构有良好的作用。因此，世界各国非常重视绿肥和牧草在轮作中的地位。

3. 科学的土壤管理

喷、滴灌，地下灌溉，酸性土施用石灰，碱性土施用石膏。

4. 土壤结构改良剂的应用

土壤结构改良剂是用来促进土壤形成团粒，提高土壤肥力和固定表土、保护耕层、防止水土冲刷的矿物质制剂、腐殖质制剂和人工合成聚合物制剂，是根据土壤中团粒结构形成的客观规律，提取腐殖质、木质素等物质作为团粒的胶结剂。

交流研讨

1. 为什么说团粒结构是土壤最理想的结构？
2. 改善土壤结构生产上可操作的措施有哪些？

任务三　土壤容重的测定及土壤孔度的计算

一、实验目的要求

土壤孔度是通过土壤密度和土壤容重计算出来的，测定土壤容重，能反映出土壤松紧情况，还能计算任何单位面积一定厚度的土壤质量，从而计算出土壤水分和养分含量。

二、仪器用具

天平（感量 0.1 g）、环刀、恒温干燥器、削土刀、小铁铲、铝盒、酒精、草纸、剪刀、滤纸等。

三、方法步骤

(一)土壤容重的测定(环刀法)

1. 操作步骤

①检查环刀与上下盖和环刀托是否配套,用草纸擦干净环刀的油污,记下环刀的编号,并称重(准确至0.1 g),同时,将事先洗净、烘干的铝盒称重、编号,带上环刀、铝盒、削土刀、小铁铲到田间取样。

②在田间选择有代表性的地点,先用铁铲铲平,将环刀托套在环刀无刃口一端,把环岛垂直压入土中,至环刀全部充满土壤为止(注意保持土样的自然状态)。

③用铁铲将环刀周围的土壤挖去,在环刀下方切断,取出环刀,使环刀两端均留有多余的土壤。

④擦去环刀周围的土,并用小刀细心地沿环刀边缘分别将两端多余的土壤削去,使土壤与环刀容积相同,立即称重。带回实验室称重时,应在田间立即盖上环刀盖,以免水分蒸发影响测定结果。

⑤在田间进行环刀取样的同时,在同层采样处取20 g左右的土样放入已知重量的铝盒中,用酒精燃烧法测定土壤含水量(或直接从称重后的环刀内取出20 g土,测定土壤水分含量)。

2. 结果计算

$$\text{土壤容重}(d,\text{g/cm}^3)=\frac{(M-G)\times 100\%}{V\times(100+W)}$$

式中:M——环刀及湿土重(g);

G——环刀重(g);

V——环刀容积(cm^3);

W——土壤含水量(%);

此法测定应不少于三次重复,允许绝对误差小于0.03 g/ cm^3,取算数平均值。

(二)土壤孔度的计算

$$\text{土壤孔度}(P_1)=\left(1-\frac{\text{土壤容重}}{\text{土壤密度}}\right)\times 100\%$$

式中:土壤密度采用密度值2.65 g/ cm^3;

土壤毛管孔度(P_2)= 土壤田间持水量(水量%)×土壤容重;

土壤非毛管孔度(P_3)= P_1-P_2。

交流研讨

1. 测定土壤容重时为什么要保持土壤的自然状态?

2. 测定中应注意哪些问题?

任务四　土壤的物理机械性与耕性

一、土壤耕性

土壤耕性的概念:土壤在耕作时反映出来的特性,指土壤的耕作难易、耕作质量好坏和适耕期长短。

其类型:

①耕作难易:是否好耕,省时、省力、节能即好耕。砂、砂壤、轻壤及结构好、有机质含量高的土壤易耕。

②耕作质量好坏:耕后是否易整平,形成小团粒结构。影响种子发芽出苗齐、全。

③适耕期的长短:土壤在某一含水量范围内耕作阻力小、耕作质量好,此时土壤处于酥软状态适于耕作。适合耕作的土壤含水量范围称适耕期。适耕期长,含水范围宽,干好耕,湿好耕,不干不湿更好耕。

二、土壤耕性与物理机械性

土壤受到外力作用时,显示出的一系列动力学特性,叫作土壤的物理机械性,土壤耕性与土壤物理机械性密切相关,土壤物理机械性决定了土壤的耕性。

土壤的物理机械性是土壤在不同含水量情况下所表现的物理性质,是多项土壤动力学性质的统称,包括黏结性、黏着性、可塑性、胀缩性等。

①黏结性:指土粒之间相互吸引黏合的能力,是土壤中的无机、有机颗粒,通过各种力的作用,互相黏结起来的特性,称为土壤黏结性,也就是土壤对机械破坏和根系穿插时的抵抗力。黏粒含量高、含水量大、有机质缺乏的土壤,黏结性强。

②黏着性:土壤黏附外物的性能。是土壤颗粒与外物之间通过水膜所产生的吸引力作用而表现的性质。在土壤湿润时产生。水分过多时,黏着性下降。

③可塑性:土壤可塑性是指土壤在一定含水量范围内,可被外力塑造成各种形状,当外力除去后,土壤不能回复原来的形状而保持所获新形状的性能。土壤含水量是影响土壤可塑性的主要因素。土壤可塑性只有在适当含水量范围内才出现。土壤开始表现可塑性的最低含水量称为下塑限,土壤表现可塑性的最高含水量称为上塑限,上塑限与下塑限之间的含水范围称为塑性范围,它们的差数称塑性值(或塑性指数)。在这一范围内,土壤表现有塑性(见表2-2)。黏土中含黏粒多,可塑性强;砂土中含黏粒少,所以不具可塑性。另外,有机质也影响土壤的可塑性。有机质能提高土壤上、下塑限,但不改变

它的塑性值。原因是有机质的吸水性强，本身又没有塑性。有机质含量较多的土壤，必须使它吸足水分后，才能产生塑性。因此其下塑限提高，这样就减少了产生可塑性的机会。在塑性范围内不宜耕作，因为在塑性范围内耕作，土壤易被塑成表面光滑的泥条，不散坯，干后成大土块，不仅达不到疏松土壤的目的，反而使土壤的物理性质恶化。故土壤的可塑性与耕作质量的关系极为密切。

表 2-2　土壤的塑性

质 地	物理黏粒/（%）	可塑上限/（%）	可塑下限/（%）	塑性值/（%）
砂壤	<20	28	23	5
轻壤偏沙	20～50	30	22	8
轻壤偏中	24～30	31	21	10
中壤	28～40	32～34	18～20	12～16
中壤偏重	>40	34～40	19～26	18～21

影响土壤物理机械性的因素：

①土壤质地的影响。土壤质地越黏重，土壤的黏结性强，砂土的黏结性最弱，壤土居中。在含水量一定时，土壤质地越细，土壤黏着性越强。

②土壤含水量的多少对黏结性的强弱影响很大。完全分散和干燥的土壤，土粒之间不表现黏结力。这时，土粒之间的各种力依然存在，只是少了水的作用，便成了“一盘散沙”。加入少量水后，各种力都有了“用武之地”，就开始显现黏结性。当水膜均匀分布，在所有土粒的接触点上都出现弯月面时，土壤黏结力达到最大值。此后，随含水量的增加，水膜不断加厚，土粒之间的距离越来越大，各种力的作用随着距离的加大减弱，直至消失。湿土逐渐变干时，随着土粒间水膜不断变薄，黏结力逐渐加强，土粒相互靠得很近，可以借范德华力等互相黏结。脱水过程黏结力的增加与吸水过程黏结力的增加有很大差别。吸水时，是在某一个较高的含水量时出现最大黏结性；而脱水时黏结性最大值出现在水分含量极低时，甚至含水量等于零的时候。

③土壤有机质含量高的土壤黏结力低。有两方面原因，一是腐殖质本身黏结力低，当腐殖质成膜状包被在黏粒周围时，就改变了接触面的性质，而使黏粒的黏结力减弱。土壤有机质含量高，能降低土壤黏着性。

④土壤结构性。由于土壤颗粒在团聚过程中降低了彼此间的接触面，有团粒结构的土壤黏结性弱。如果代换性钠在阳离子组成中占的比例较大，会使土粒高度分散，黏结性会增强。

⑤土壤交换性阳离子的组成。

三、改良土壤耕性的措施

土壤耕性除受黏结力影响外，还受土壤孔隙度、含水量的影响。黏质土壤含水量越低，坚实度越大，对砂土来说，含水量的影响不大，有团粒结构的土壤，坚实度较小，而分散性的碱土坚实度高。改良土壤耕性的措施有：

①增施有机肥料。

②改良土壤质地。

③创造良好的结构。

④合理灌排。

四、少耕法和免耕法

（一）少耕法和免耕法的含义

少耕法和免耕法，又叫留茬播种法和保护耕作法，是首先起源于美国干旱半干旱区及湿润带丘陵地区的一种新的耕作法，主要用于栽培玉米、大豆、高粱和马铃薯等中耕作物。

少耕法是指在播种行进行整地作业，以缩小耕作面积和减少耕作次数，在作物生长期间进行一、二次中耕。免耕法是把种子播在未翻动的土壤上，不进行任何土壤耕作。在作物生长期间完全利用除草剂控制杂草，不进行中耕。

（二）少耕法和免耕法的优点和应用

①保持土壤水分。少耕或免耕能够减少耕翻时土壤水分的损失，若为免耕时，还须进行地面覆盖，可以增加雨水的深入率和减少蒸发，这在干旱地区是非常重要的。

②改善表土的结构状况。由于少耕或免耕，土壤有机质的分解速率受到抑制，加上秸秆，牧草等的覆盖，可以减少土壤中团粒结构的破坏，这些有机物腐烂后，又能进一步提高有机质含量，促进水稳性团粒形成。

③防止土壤侵蚀。实行少耕或免耕法，防止土壤侵蚀的作用极其显著。例如用少耕法在9%坡度的粉砂壤土上种植玉米，每年每公顷损失土壤只有2吨，而采取传统耕作法则损失有20吨。

④防止土壤压板。实行少耕或免耕法，由于减少了机械作业的次数，土壤压板问题大大减轻，同时，节约燃料消耗，降低生产成本，也能节省整地时间，有利于实时播种和实行复种。

少耕免耕法也有局限性，免耕法不适宜于降雨量高的地区。由于前茬不处理，病虫害严重导致产量低。

项目三

土壤的化学性质

【任务】

1. 掌握土壤胶体的范围、层状铝硅酸盐的种类、分布构造特点与肥力的关系；

2. 掌握影响土壤供肥性的因素；

3. 了解土壤酸碱性、缓冲性产生地机制；

4. 掌握碱化土壤的概念，强酸、强碱土壤的改良。

【能力目标】

1. 能熟练判断土壤胶体的范围、层状铝硅酸盐的种类、分布构造特点与肥力的关系；

2. 能使用具体措施提高土壤供肥性；

3. 能指出强酸、强碱土壤的改良措施。

【任务分析】

每4~5人为一个学习组，由一人负责，统筹安排查阅资料并整理，学习组一起讨论，围绕土壤化学性质制作汇报材料，期间提出存在的疑问，教师引导答疑。

【工作过程】

1. 资料查阅

学习组成员根据给定的工作任务在图书馆、互联网上搜索土壤化学性质及碱化土壤的概念，强酸、强碱土壤的改良方法并整理。

2. 资料汇总，制作汇报材料

(1)将所搜集的材料按照类别进行汇总；

(2)指导学生使用相关工具，判断不同类别的土壤的酸碱性，收紧强酸、强碱土壤的改良措施，制作完成汇报材料。

3. 汇报，交流

组织各组进行汇报，提问、交流。

任务一　土壤胶体

一、 土壤胶体的种类

土壤胶体是指土壤中最细微的固体颗粒,胶粒直径一般在 1 ~ 100 nm。实际上土壤中有效粒径小于 1 000 nm 的黏粒都具有胶体的性质。直径为 1 ~ 1 000 nm 之间的土粒均属于土壤胶体的范围。

1. 矿质胶体

矿质胶体包括成分简单的晶质和非晶质的 Si 、Fe 、Al 的氧化物及其含水氧化物、成分复杂的各种类型的层状硅酸盐(主要是铝硅酸盐)矿物,这二者常称为土壤黏土矿物。二者均为岩石风化和成土过程的产物,影响着土壤的肥力性质。

2. 有机胶体

有机胶体主要是腐殖质,还包括少量的木质素、蛋白质、纤维素等。腐殖质胶体含有多种官能团(羧基和酚羟基),属两性胶体,所以在土壤中一般带负电,对土壤胶体电荷影响较大,因而影响到土壤的保肥与供肥性。但有机胶体的稳定性低于无机胶体,容易被微生物所分解,要通过施用有机肥加以补充。

3. 有机—无机(矿质)复合体

在农业土壤上,有机胶体一般很少单独存在,约有 50% ~90% 是与矿质胶体结合,形成有机无机复合体(又称吸收性复合体)。

有机胶体和无机胶体可以通过多种方式结合。

二、 土壤胶体的构造

1. 胶核

这是胶体的固体部分,由黏土矿物 SiO_2、Fe_2O_3、Al_2O_3、铝硅酸盐、腐殖质或蛋白质等成分所组成。

2. 双电层

(1)决定电位离子层

这是胶核表面带电荷的部分,由所带电荷的符号、微粒核的组成和所处条件(如土壤溶液 pH 等)而定,若微粒核由铝硅酸盐类或腐殖质分子构成,在一般的条件下带负电荷。这层带电的离子决定着胶粒的电荷符号和电位的大小,所以称决定电位离子层或双电层内层。

(2)补偿离子层

由于胶粒的表面带电荷,能借静电引力吸引土壤溶液中相反的电荷离子,形成补偿离子层,又称双电层外层。

三、 土壤胶体的性质

1. 土壤胶体具有巨大的比表面和表面能

比表面是指单位重量或单位体积物体的总表面积。

因为土壤胶体有巨大的比表面,所以能产生巨大的表面能,这是由于物体表面分子所处的条件特殊引起的。物体内部分子与周围相同分子之间,在各个方向上受到的吸引力相等而相互抵消,表面分子则不同,由于它们与外界的液体或气体介质相接触,因此在内、外方面受到的是不同的吸引力,不能相互抵消,所以具有多余的表面能。这种能量产生于物体表面,故称表面能。不同土壤胶体的比表面差异较大。

2. 带电性

所有的土壤胶体都带有电荷。土壤胶体一般带负电荷,但某些情况下也会带正点荷。根据电荷产生的原因,可将电荷分为永久电荷和可变电荷两种。

(1)永久电荷

由黏土矿物晶层内的同晶置换所产生的电荷。由于同晶替代作用是在黏土矿物形成时产生于黏土晶层内部,这些电荷一旦产生即为该矿物永久所有,不受外界条件(pH、电解质浓度等)的影响,因此称为永久电荷。又称内电荷、恒电荷或结构电荷。

同晶置换(同晶替代):是指铝硅酸盐矿物中的硅氧片或水氧片中配位中心电子,被大小相近,而电性符号相同的离子所取代,但晶层结构不发生变化的作用。如硅氧片中的 Si^{4+}被 Al^{3+}所取代; 水铝片中的 Al^{3+}被 Mg^{2+}、Fe^{2+}所取代,同晶替代的结果使黏土矿物晶层产生剩余的负电荷,属于永久电荷。

(2)可变电荷

表面分子解离、断键、胶体表面从介质中吸附离子所产生的电荷,由于电荷的数量和性质随介质 pH 而改变,称可变电荷。

①表面分子解离:是土壤胶体上的一些基团,由于解离 H^+,使胶核表面带负电荷,如腐殖质胶体上的羧基、酚羟基等基团解离出 H^+, 硅酸盐黏土矿物的晶层表面暴露的 OH 原子团解离出 H^+等,这些作用使腐殖质胶体与黏土矿物带负电荷。表面分子解离受介质 pH 的影响,当介质 pH 值升高时,黏土矿物解离 H^+的能力强,产生负电荷的量也多。

②断键:铝硅酸盐黏土矿物在破碎时,引起晶层断裂,使硅氧片和水铝片的断裂边角上出现电性未饱和的键,如 Si—O—, Al—O—。表面分子解离的断键是引起高岭石带

电的主要原因。断键引起的电荷,随胶体破碎程度的加剧增大。

③胶体表面从介质中吸附离子:这种过程会使胶体带电。(如铁铝氢氧化物在低于其等电点的介质中,会从介质中吸附电子。)

3. 土壤胶体的分散性和凝聚性

土壤胶体有两种不同的状态,一种是胶体微粒均匀分散在土壤溶液中,由于胶粒有一定的电动电位,由一定厚度的扩散层相隔,而使之均匀分散成溶胶态,这种现象称土壤胶体的分散性。另一种状态是胶体微粒彼此联结凝聚在一起而呈絮状的凝胶状态,即胶体凝聚性,指当加入电解质时,胶体的电动电位降低趋近于零,扩散层的厚度降低进而消失,使胶体相聚成团,此时由溶胶转变为凝胶,这种作用称胶体的凝聚性。胶体的凝聚作用有助于土壤结构的形成。

影响胶体分散与凝聚的因素:

(1)电解质的种类

不同的电解质使胶体呈现不同的电动电位,其规律是一价离子 > 二价离子 > 三价离子。

(2)电解质的浓度

增加电解质浓度,可降低电动电位,使扩散层变薄,有利于转化为凝胶(胶体的凝聚),如烂泥田排水以增加电解质浓度,有利于土壤胶体的凝聚作用。

任务二　土壤的保肥性与供肥性

一、土壤供肥性

(一)土壤的供肥性

土壤的供肥性是指土壤供应作物所必须的各种速效养分的能力,也即将缓效养分转化为速效养分的能力。土壤供肥力的强弱直接影响到作物的生长发育、产量和品质,了解土壤供肥性能对于调节土壤养分和作物营养具有重要的作用。

1. 土壤供肥能力

土壤供肥能力可以反映土壤供肥性的强弱。土壤供肥能力表现的主要内容有土壤供应速效养分的数量、各种缓效养分转变为速效养分的速率及各种速效养分持续供应的时间。

2. 土壤供应速效养分的数量

土壤中速效养分是指土壤溶液中溶解态养分,包括土壤胶体表面容易吸收利用的养分,又称有效养分。土壤中各种速效养分的数量可反映农作物根系直接吸收利用养分数量,可以表明土壤肥劲与供肥能力的大小的关系。

土壤的供肥容量(供应容量)是指持续地供应某种养分的基础,反映出土壤供应某种养分潜在能力的大小,一般指全量养分。速效养分占全量养分的比值称为供应强度,表明养分转化和供应能力的强弱。

如果养分的供应容量大,供应强度也大,表明在一般时间内养分供应充足而不至于脱肥;如果二者均小,表明土壤的供肥能力都很弱,必须考虑及时施肥。

3. 缓效养分转变为速效养分的速率

土壤中的缓效养分是指土壤中的固态(矿质态和有机态)养分须经各种化学和生物化学作用转化为溶解态或交换态后,才能被植物吸收利用。缓效养分转化为速效养分是土壤供肥强弱的另一个重要标志。土壤养分转化速率,说明速效养分供应及时,肥劲猛,反之亦然。

4. 速效养分持续供应的时间

土壤中速效养分持续供应时间的长短,是土壤肥劲大小的表现。养分持续供应时间长,说明土壤养分质量分数丰实,肥劲长而不易脱肥;养分供应的时间短,表明在作物生育的各个时期,特别是中期和后期,养分供应量不足,易产生脱肥现象。

(二)提高供肥性的措施

土壤供肥性的调节包括增加速效养分的数量,加强供肥速度,延长供肥时间,使作物所需的各种养分能够全面、充分、持续地供应,以保证作物的高产、优质,具体措施如下:

1. 合理施肥,提高供肥性能

合理施肥是调节和改善土壤养分供应状况,改良和培肥土壤,保证作物丰产的基本条件。因此,建立有机肥料为基础,有机无机相结合,并配合各种肥料的施肥体系,对土壤供肥性和保肥性的调节均是有意义的。

2. 合理耕作和灌溉,促进养分的转化供应

(1)精耕细作,疏松耕层,以耕促肥

深耕可以疏松土壤,促进微生物的活性,加速土壤矿物质养分的风化释放和有机物质的分解转化,提高土壤有效养分质量分数。

(2)合理灌排,调节水、热、气状态,达到以水促肥的目的

土壤适应的水分含量,可以加速矿质养分的溶解、水解及氧化作用及有机质的矿化作用,从而提高土壤肥力。一般要求控制土壤含水量。如田间持水量为60% ~80%时,

水、气、热状况较好，对养分的释放和根系吸收养分有利。

3. 用养结合，进行合理的轮、间、套作

不同的作物由于其生物学特性有较大差异，对于营养物质的种类和数量的需求也不相同。长期连种一种作物，必然会引起土壤中某种养分的过度消耗。

4. 消除有害物质，改善养分的供应状况

土壤中有害物质的存在，会降低土壤微生物的活性并影响到土壤养分的转化及作物对养分的吸收，消除土壤有害物质以及改善植物生长环境，对养分的调节起重要的作用。具体包括：消除酸害和碱害；消除盐害；消除还原性物质毒害；消除污染的毒害。

二、土壤溶液的组成和浓度

1. 土壤溶液的组成

土壤溶液中物质的形态多种多样，包括无机物、有机物、胶体物质。无机物包括 Ca、Mg、K、Na、NH_4^+ 等各种盐类。

有机物主要包括可溶性蛋白、糖类、氨基酸、腐殖质和它们的盐类，胶体物质（一般质量分数不多），主要是硅酸、铁、铝的氢氧化物和一些有机化合物。

2. 土壤溶液的浓度

土壤溶液是非常稀薄的不饱和溶液，其浓度随土壤类型、土体深度、水、气、热状况及外界施肥、耕作合理措施不同而异。一般正常的土壤溶液中总浓度为 200 ~ 1 000 $mg \cdot kg^{-1}$，即很少超过 0.1%（相应的渗透压也小于一个大气压），可保证植物对养分的正常吸收。

3. 土壤溶液组成、浓度与养分的有效性

土壤溶液的组成和浓度与养分的有效性密切相关。在一定（低）浓度范围内，土壤养分离子的有效性随溶液浓度的增高而加大；在浓度较高时，随浓度增高而减少。此外，土壤溶液组成不同，也会影响有关离子的有效性。如铁铝等物质质量分数过高时，会增加磷的固定，降低其有效性。

三、土壤保肥性和供肥性与植物的生长

如果土壤保肥性能差，如砂土，施于土壤中的肥料易被淋失，造成植物生长后期脱肥，也就是说这种土壤“发小苗，不发老苗”。对于这种土壤，施肥应本着少量多次的原则，以防作物后期脱肥。相反，土壤供肥性好是指土壤供肥速度适中。

如果土壤供肥快而猛，同样也会造成土壤养分由于来不及被植物吸收而流失。相反，若土壤的供肥速度慢，则不能满足植物生长发育的需要，应注意补充速效性肥料。

四、土壤的吸附性能

土壤吸附是土壤胶粒带有电荷,借静电引力从溶液中吸附带异号电荷的离子或极性分子。土壤固相从溶液中吸附离子的同时,也伴随着固相表面上交换离子的解吸。

1. 阳离子的静电吸附

带有负电荷的土壤胶体具有吸附多种带正电荷的阳离子的能力,被吸附的阳离子处于胶体表面双电层扩散层中,成为扩散层中离子的组成部分。一般而言,土壤胶体表面带负电荷越多,吸附阳离子的数量也越多。土壤胶体表面的电荷密度越大,阳离子所带电荷越多,则离子吸附的越牢。

2. 阳离子的交换作用

(1)概念

是指土壤胶体表面能吸附的阳离子(主要是扩散层中的阳离子)与土壤溶液中的阳离子相互交换的作用。

(2)阳离子的交换能力

它是指一种阳离子将胶体上另一种阳离子交换出来的能力。

影响阳离子交换能力的因素如下:

①离子电荷数量的影响。在离子浓度相同的情况下,溶液中离子的电荷价越高,阳离子受胶体的吸附能力越大。

②离子的半径及水化程度。对于同价离子而言,原子量越低,离子半径越小,单位面积上的电荷密度越大,对水的吸引力也相应增加,其水化程度也越高。在阳离子周围包被着相当厚度的水膜,增加了阳离子与胶粒表面的距离,减弱了胶粒与离子的引力,而离子半径大的,水化膜薄,易于胶粒接近,所以彼此的引力较大。所以一价阳离子交换能力大小为 Rb^+>NH_4^+、K^+、Na^+>Li^+。

③离子浓度。由于阳离子交换作用受质量作用定律的支配,所以能力较弱的离子,如果有较高的浓度,如 NH_4^+、K^+等,也可将交换能力强的 Ca^{2+}、Mg^{2+}离子从土壤中交换下来。所以根据这一原理,酸性土壤通过使用石灰,从而达到改良土壤酸性的目的。

(3)土壤的阳离子交换量

是指 pH 值为 7 时每千克干土所吸收的全部交换性阳离子的厘摩尔数,以 cmol/kg 表示,一般用 CEC 表示。它直接反映了土壤的保肥性、供肥性和缓冲能力。

(4) 盐基饱和度

土壤中交换性盐基离子总量占阳离子交换量的百分数称为盐基饱和度。

盐基饱和度大于 80% 的土壤 ,一般认为是肥沃土壤 。

盐基饱和度在 50% ~80% 为肥力中等的土壤 。

盐基饱和度小于50%的土壤被认为是肥力较低的土壤。

发生专性吸附的阳离子主要是过渡金属离子,因为这些离子具有较高的水合热,较易水解成羟基阳离子,致使离子在向吸附剂表面接近时所需克服的障碍(阻力)降低,从而有利于与表面的相互作用。

产生阳离子专性吸附的土壤胶体的物质主要是 Fe 、Mn 、Al 的氧化物其表面的羟基与过渡金属离子相互作用,生成表面络合物。

任务三　土壤的酸碱性与缓冲性

一、土壤酸碱反应

土壤酸碱性既是土壤溶液的性质,又与固相与气相密切相关,当土壤溶液中 H^+大于 OH^-时,呈酸性反应;反之,OH^-离子占优势时,呈碱性反应;而 H^+与 OH^-相等时,呈中性反应。

1. 土壤酸性反应

(1)活性酸

土壤活性酸是由土壤溶液中游离的 H^+所表现出的酸度。

我国土壤的酸碱度绝大多数 pH 为 5 ~ 8.5 之间,北纬 33°以北,大部分土壤呈中性至碱性反应;在 33°以南,土壤多酸性至强酸性。

(2)潜性酸

土壤潜性酸是由于土壤胶体上吸附的 H^+和 Al^{3+}所引起的酸度。这些离子呈吸附态时不表明酸性,当它们从胶体上解离或被其他阳离子所交换而转移到溶液中后,才表现出来;而吸附性 Al^{3+}被解析到溶液中后,通过水解作用产生 H^+而导致酸性。分为交换性酸和水解性酸。

根据我国土壤酸碱性的强弱及其与土壤肥力的关系,可以把土壤酸碱性分为以下七级:

pH 值	土壤酸碱性
<4.5	强酸性
4.5 ~ 5.5	酸性
5.5 ~ 6.5	微酸性
6.5 ~ 7.5	中性
7.5 ~ 8.5	微碱性
8.5 ~ 9.5	碱性

>9.5	强碱性

2. 土壤碱性反应

(1)土壤碱性的来源

除了用平衡溶液的 pH 值表示以外，还可用土壤中碱性盐类特别是 Na_2CO_3 和 $NaHCO_3$来表示。碱性土壤中氢氧离子的来源主要是弱酸强碱盐水解的结果。土壤中常见的弱酸强碱盐有磷酸根及重磷酸根的钾、钠、钙、镁盐。

(2)碱性的表示方法

土壤碱性可用 pH 值来表示，土壤中的 pH 值越大，碱性越强。另外，总碱度和碱化度也可用来表示碱性的强弱。

3. 影响土壤酸碱性的因素

(1)气候

高温多雨易引起岩石的风化作用，土壤中盐基离子的淋溶作用较强，盐基离子容易淋失形成酸性土壤。

(2)地形

在同一气候带的地域内，地形高的土壤(处于高坡地形部位的土壤)淋溶作用较强，其 pH 值较地形低的部分低。

(3)母质

在其他成土因素相同的条件下，酸性的母盐(如花岗岩、流纹岩等)常较碱性母盐(如石灰岩、大理盐等)所形成的土壤有较低的 pH 值。

(4)植被

不同植被因其成分有差异而对土壤酸碱度产生不同的影响，如针叶林灰分组成中的盐基成分常较阔叶林少，因此针叶林下发育的土壤酸性较强。

(5)人类活动

施肥对耕作土壤的酸碱度的影响很大。如酸性土壤可施用石灰、草木灰等碱性肥料以中和土壤酸度。

(6)盐基饱和度

在一定的范围内，土壤的 pH 值随盐基饱和度的增加而增高。

(7) 氧化还原条件

如水稻土淹水后 pH 有显著的变化，酸性土壤 pH 升高，而碱性土壤 pH 下降。

4. 土壤酸碱性对土壤养分和作物生长的影响

(1)土壤酸碱性和土壤养分

土壤中的有机态养分要经过微生物参与活动，才能转化为速效养分以供植物吸收，而适合大多数微生物生长发育的土壤酸碱度呈微弱酸性至弱碱性，因此土壤养分一般以

pH 为 6 ~ 8 的范围内有效性最高。

(2)土壤酸碱性与作物生长的影响

不同作物,由于其生物学特性有差异,对土壤 pH 值的要求也不同,但对大多数植物而言,以 pH 为 6.0 ~ 7.5 最佳。

5. 土壤酸碱反应的调节

对于不适应作物生长的过酸或过碱的土壤,应该因地制宜采用适当的措施进行调节,使其适应高产作物发育的要求。酸性土通常用石灰进行改良,草木灰可以作为钾肥来施用,同时有可起到中和土壤酸性的作用;对于碱性土壤,可用石膏、硫磺或明矾(硫酸铝钾)来改良。

6. 土壤酸碱性对土壤肥力和植物生长的影响

①影响植物的生长发育。每一种植物都有一定的 pH 值适应范围。有的植物能适应较广的 pH 值范围,有的植物对土壤 pH 值适应范围较窄,要求较严格,如茶树要求土壤 pH 值为 5.0 ~ 5.5,土壤 pH 值过高,茶树就不能正常生长。棉花、苜蓿则耐碱性较强,但一般植物在弱酸、弱碱和中性土壤上都能正常生长。现将几种主要植物适宜的土壤 pH 值范围列表,见表 3 - 1。

表 3 - 1　土壤 pH 值

作物	pH 值	作物	pH 值	作物	pH 值
水稻	5.7 ~ 7.0	花生	5.0 ~ 8.0	柑桔	5.0 ~ 7.0
小麦	6.0 ~ 7.0	棉花	6.0 ~ 8.0	梨	6.0 ~ 7.5
大麦	6.0 ~ 7.0	甘蔗	6.0 ~ 8.0	桃	6.0 ~ 7.5
玉米	6.0 ~ 7.0	烟草	5.0 ~ 6.0	苹果	6.0 ~ 8.0
甘薯	5.0 ~ 6.0	亚麻	6.0 ~ 7.0	板栗	5.0 ~ 6.0
马铃薯	4.8 ~ 5.4	紫云英	6.0 ~ 7.0	甘蓝	6.0 ~ 7.0
蚕豆	6.0 ~ 8.0	田菁	5.5 ~ 9.0	胡萝卜	5.3 ~ 6.0
豌豆	6.0 ~ 8.0	苕子	6.0 ~ 7.0	番茄	6.0 ~ 7.0
油菜	5.8 ~ 6.7	茶	4.5 ~ 5.5	芹菜	6.0 ~ 6.5
大豆	6.7 ~ 7.5	桑	6.0 ~ 8.0	西瓜	6.0 ~ 7.0

②影响土壤肥力。土壤中氮、磷、钾、钙、镁等养分有效性受土壤酸碱性变化的影响很大。微生物对土壤反应也有一定的适用范围,对土壤的理化性质也有一定影响。

二、土壤的缓冲性

1. 土壤的缓冲作用及其重要性

土壤的缓冲性(缓冲作用)是指将酸或酸性盐,碱或碱性盐施入土壤后,在一定限度内土壤具有抵抗这些物质改变土壤酸碱反应的能力。

由于土壤具有缓冲性，使它可以稳定土壤溶液的反应，使土壤的酸碱变化保持在一定的范围内。如果土壤没有这种特性，那么微生物和根的呼吸，施用肥料，有机物质的分解等过程均会引起土壤反应的剧烈变化，同时也会引起养分形态的改变而影响养分的有效性，使作物难以适应变化了的环境。

2. 土壤缓冲作用的机制

土壤胶体的阳离子交换作用是土壤具有缓冲性能的主要原因。这种作用是通过阳离子的交换作用来实现的。当增加土壤溶液中 H^+ 浓度时，胶体表面的交换性盐基离子与溶液中的 H^+ 交换，使溶液中 H^+ 的浓度基本上无变化或变化很小。

土壤溶液中弱酸及其盐类的存在也是土壤具有缓冲性能的原因。

土壤溶液中含有的碳酸、硅酸、磷酸、腐殖质及其他有机酸及其盐类构成一个良好的缓冲体系，所以对酸碱具有缓冲作用。

3. 土壤中两性物质的存在

土壤中存在的两性物质包括蛋白质、氨基酸、胡敏酸（有机磷酸）等，这些物质对酸碱均具有缓冲能力，如氨基酸的氨基可以中和酸，羧基可以中和碱。

三、土壤氧化还原反应

土壤中存在着一系列参与氧化还原反应的物质，并不断地进行着包括化学的和生物化学的复杂的氧化还原反应。这些过程对土壤的肥力和植物生长带来深刻的影响，是土壤溶液中一种重要的化学性质。

1. 土壤的氧化还原体系

氧化还原反应中氧化剂（电子供体）和还原剂（电子受体）构成了氧化还原体系。土壤中能够产生氧化还原的物质很多，存在有多种氧化还原体系。如土壤中的氧化剂有 O_2、NO_3^-、Fe^{3+}、Mn^{4+}（MnO_2）、SO_4^{2-} 等，依次作为电子受体被还原。

土壤中的还原剂主要包括有机物质，尤其是新鲜的未分解的有机物质，包括有机酸、酚类、醛类和糖类等化合物。它们在适应的温度、湿度、pH 条件下具有较强的还原能力。

2. 土壤氧化还原电位

土壤中氧化物质和还原物质的相对比例，决定着土壤的氧化还原状况。当土壤中某一氧化物质转变为还原态物质时，土壤溶液中的氧化态物质的浓度减少，而还原态物质的浓度增加，随着这种浓度的变化，溶液的电位也就相应的发生改变。这种由于氧化态物质和还原态物质的浓度关系而产生的电位称为氧化还原电位（ Eh ）。单位为伏（V）和毫伏（mV）。所以氧化还原电位可以作为土壤通气的指标。

3. 氧化还原电位与土壤养分的有效性和作物生长的关系

作物所需的矿质养分有些是需要呈氧化态才能被植物吸收。如磷 $H_2PO_4^-$ 或 HPO_4^{2-} 形态被吸收,硫以 SO_4^{2-} 形态被吸收。有效养分则需要还原态才能被吸收,如铁、锰分别以 Fe^{2+}、Mn^{2+}形态被吸收。而对于氮素而言,无论氧化态(NO_3^-)或还原态 NH_4^+ 都能被植物吸收,然而旱地以 NO_3^--N 为主,水地以 NH_4^+ 为主。所以氧化还原电位的高低能影响到各种变价养分元素的有效性,过高或过低均会影响到作物的生长。

4. 影响土壤氧化还原电位的因素

(1)土壤的通气性

土壤通气状态直接确定了土壤中氧的浓度,在通气良好的土壤中土壤与大气间气体交换迅速,使得土壤中氧浓度较高,Eh 值高。在排水不良的土壤中,通气空隙减少,使得大气与土壤交换缓慢,O_2 的浓度降低,再加上微生物消耗氧,Eh 下降,所以同一土壤,Eh 可以作为土壤通气状况的相对指标。

(2)土壤中易分解的有机质

土壤中许多易分解的有机质可作为微生物需要的养分和能量的来源。在嫌气分解的过程中,微生物夺取有机质中所含的氧,形成多种还原性的物质,所以在淹水条件下,施用新鲜的有机肥料,使土壤的 Eh 值急剧下降,这种现象在保肥田旱稻苗期经常发生。

(3)土壤中易氧化物质或易还原物质

土壤中易氧化的物质如 Fe^{2+}、Mn^{2+}等含量多,说明该土壤具有较强的还原性,并且抗氧化能力也强;反之,易还原物质如 Fe^{3+}、Mn^{4+}较多时,抗还原能力也大。含铁、锰较多的土壤,灌水后 Eh 不易迅速下降,其原因是具有这种“缓冲能力”。

(4)植物根系的代谢作用

植物根系在其生命活动中,能分泌有机酸物质,降低根际 pH 值,对于一般旱地植物,根际土壤 Eh 较根外低数十毫伏,而水稻根系能分泌氧,使根际土壤 Eh 值较根外(非根际土壤)微高。

交流研讨

1. 土壤吸收性能的调节措施有哪些?
2. 土壤酸碱性对土壤肥力及植物生长有何影响?
3. 举例说明改良酸性土壤和碱性土壤所选用的方法有哪些?
4. 生产实际中采取哪些措施可以提高土壤养分的有效性?

任务四 土壤化学性质测定

一、有机质测定（重铬酸钾容量法——外加热法）

1. 试剂

① 0.4 mol/L 重铬酸钾-硫酸溶液。称取 40.0 g 重铬酸钾溶于 600～800 mL 水中，用滤纸过滤到 1 L 量筒内，并加水至 1 L。将此溶液转移至 3L 大烧杯中；另取密度为 1.84 g/L的化学纯浓硫酸 1L，慢慢倒入重铬酸钾溶液内，并不断搅拌。每加约 100 mL 浓硫酸后稍停片刻，待冷却后再加另一份浓硫酸，直至全部加完。此溶液可长期保存。

② 0.2 mol/L 硫酸亚铁溶液。称取化学纯硫酸亚铁 55.60 g 溶于 600～800 mL 蒸馏水中，加化学纯浓硫酸 20 mL，搅拌均匀，加水定容至 1 000 mL，贮于棕色瓶中保存备用。

③ 0.200 0 mol/L 重铬酸钾标准溶液。称取经 130℃烘 1.5 h 以上的分析纯重铬酸钾 9.807 g，先用少量水溶解，然后无损地移入 1 L 容量瓶中，加水定容。

④ 硫酸亚铁溶液的标定。准确吸取 3 份 0.200 0 mol/L $K_2Cr_2O_7$ 标准溶液各 20 mL 于 250 三角瓶中，加入浓硫酸 3～5 mL 和邻菲咯啉指示剂 3～5 滴，然后用 0.2 mol/L 硫酸亚铁溶液滴定至棕红色为止，其浓度计算：

$$c=(6\times0.200\ 0\times20)\div V$$

式中：c——$FeSO_4$溶液物质的量浓度（mol/L）；

V——滴定用去 $FeSO_4$溶液的体积（mL）；

6——6 mol $FeSO_4$与 1 mol $K_2Cr_2O_7$完全反应的摩尔比值。

⑤邻菲咯啉指示剂。称取化学纯 $FeSO_4$ 0.695 g 和分析纯邻菲咯啉 1.485 g 溶于 100 mL 蒸馏水中，贮于棕色瓶中备用。

⑥其他试剂。石蜡（固体）或磷酸或植物油 2.5 kg；浓 H_2SO_4（化学纯，密度 1.84 g/L）。

2. 实验原理

在加热条件下，用稍过量的标准重铬酸钾-硫酸溶液，氧化土壤有机碳，剩余的重铬酸钾用标准硫酸亚铁滴定，以土样和空白样所消耗标准硫酸亚铁的量差值可以计算出有机碳量，进一步可计算土壤有机质的含量，其反应式如下：

$$2K_2CrO_7+3C+8H_2SO_4\rightarrow 2K_2SO_4+2Cr_2(SO_4)_3+3CO_2\uparrow+8H_2O$$

$$K_2CrO_7+6FeSO_4+7H_2SO_4\rightarrow K_2SO_4+Cr_2(SO_4)_3+3Fe_2(SO_4)_3+7H_2O$$

用 Fe^{2+}滴定剩余的 $Cr_2O_7^{2-}$时，以邻菲咯啉（$C_{12}H_8N_2$）为氧化还原指示剂。在滴定过程中指示剂的变色过程如下:开始时溶液以重铬酸钾的橙色为主,此时指示剂在氧化条件下,呈淡蓝色被重铬酸钾的橙色掩盖,滴定时溶液逐渐呈绿色(Gr^{3+}),至接近终点时变为灰绿色。当 Fe^{2+} 溶液过量半滴时,溶液则变成棕红色,表示颜色已达到终点。

3. 操作步骤(见表 3–2)

表 3 – 2　操作步骤

工作环节	操作规程	操作要求
称样	用分析天平准确称取通过 60 目筛的风干土样 0.05 ~ 0.5 g(精确到 0.000 1 g),放入干燥的硬质试管底部,记下土样质量	一般有机质含量 < 20 g/kg,称量 0.4 ~ 0.5 g;20 ~ 70 g/kg,称量 0.2 ~ 0.3 g;70 ~ 100 g/kg,称量 0.1 g;100 ~ 150 g/kg,称量 0.05 g
加氧化剂	用移液管准确加入重铬酸钾–硫酸溶液 10 mL,小心将土样摇散,贴上标签,盖上小漏斗,将试管插入铁丝笼中待加热	此法只能氧化 90% 的有机质,所以在计算分析结果时氧化校正系数为 1.1
加热氧化	将铁丝笼放入预先加热至 185 ~ 190℃ 的油浴锅或远红外消解炉中,此时温度控制在 170 ~ 180℃,自试管内大量出现气泡时开始计时,保持溶液沸腾 5 min,取出铁丝笼,待试管稍冷后,用卷纸或废报纸擦净试管外部油液,冷却至室温	加热时产生的二氧化碳气泡不是真正沸腾,只有待真正沸腾时才能开始计算时间
溶液转移	将试管内含物用蒸馏水少量多次洗入 250 mL 的三角瓶中,总体积控制在 60 ~ 70 mL,加入邻菲咯啉指示剂 3 ~ 5 滴摇匀	要用水冲洗试管和小漏斗,转移时要做到无损;最好使溶液的总体积达 50 ~ 60 mL,浓度为 2 ~ 3 mol/L
滴定	用标准的硫酸亚铁溶液滴定 250 mL 三角瓶的内含物。溶液颜色由橙色(或黄绿)经绿色、灰绿色变到棕红色即为终点	指示剂变色敏锐,临近终点时,要放慢滴定速度
空白实验	必须同时做两个空白试验,取其平均值,空白试验用石英砂或灼烧的土代替土样,其余规程同上	如果样品滴定所用硫酸亚铁溶液的体积(mL)不到空白试验所消耗的硫酸亚铁溶液体积(mL)的 1/3,则有氧化不完全的可能,应减少土样,称量重做

4. 结果计算(见表 3–3)

表 3 – 3　土壤有机质测定时数据记录

土样号	土样重/g	初读数/mL	终读数/mL	净体积/mL	有机质含量/($g \cdot kg^{-1}$)	平均含量/($g \cdot kg^{-1}$)
样品 1						
样品 2						
样品 3						
空白 1						
空白 2						

$$土壤有机质含量=\frac{(V_0-V)\times c\times 0.003\times 1.724\times 1.1}{m}\times 10$$

式中：V_0——滴定空白时消耗的硫酸亚铁溶液的体积(mL)；

V——滴定样品时消耗的硫酸亚铁溶液的体积(mL)；

c——硫酸亚铁溶液物质的量浓度(mol/L)；

0.003——1/4 碳原子的毫摩尔质量(g/mmol)；

1.724——由有机碳折算为有机质的系数；

1.1——氧化校正系数；

m——烘干土样的质量；

10——百分数转换为 g/kg 的折算系数。

5. 结果分析

①平行测定结果允许相差：有机质含量<10 g/kg，允许绝对相差≤0.5 g/kg；有机质含量 10～40 g/kg，允许绝对相差≤1.0 g/kg；有机质含量 40～70 g/kg，允许绝对相差≤3.0 g/kg；有机质含量>100 g/kg，允许绝对相差≤5.0 g/kg，根据测定的结果，进行分析。

②加热氧化时，大量冒出的气泡是什么气体，它是怎样产生的？你所分析土样的有机质含量比其他同学高还是低，可能原因是什么？

③编写训练报告，其主要内容如下：编号、技能训练名称、技能训练时间、操作人员；训练原理；操作规程；训练结果；结果分析与体会。

二、土壤酸碱性测定（电位法和混合指示剂法）

1. 电位法

将全班按 2 人一组分为若干组，每组准备以下材料和用具：酸度计（附甘汞电极、玻璃电极或复合电极）、高型烧杯(50 mL)、量筒(25 mL)、天平（感量 0.1 g）、洗瓶、磁力搅拌器等。

提前配置下列试剂：

① pH 4.01 标准缓冲液。称取经 105℃烘干 2～3 h 苯二甲酸氢钾($C_8H_5KO_4$，分析纯)10.21 g，用蒸馏水溶解稀释定容至 1 000 mL，即为 pH 4.01、浓度 0.05 mol/L 的苯二甲酸氢钾溶液。

② pH 6.87 标准缓冲液。称取经 120℃烘干的磷酸二氢钾 3.39 g(KH_2PO_4，分析纯)和无水磷酸氢二钠(Na_2HPO_4，分析纯)3.53 g，溶于蒸馏水中，定容至 1 000 mL。

③ pH 9.187 标准缓冲液。称 3.80 g 硼砂(Na_2BO_7，分析纯)溶于无 CO_2 的蒸馏水中，定容至 1 000 mL，此溶液的 pH 容易变化，应注意保存。

④ 1 mol/L 氯化钾溶液。称取化学纯氯化钾(KCl)74.6 g,溶于400 mL蒸馏水中,用10%氢氧化钾和盐酸调节pH至5.5～6.0,然后稀释至1 000 mL。

2. 混合指示剂法

将全班按2人一组分为若干组,每组准备以下材料和用具:白瓷比色板、玛瑙研钵等。

提前配制下列试剂:

① pH 4～8混合试剂。分别称取溴甲酚绿、溴甲酚紫及甲酚红各0.25 g于玛瑙研钵中加15 mL 0.1 mol/L的氢氧化钠及5 mL蒸馏水,共同研匀,再加蒸馏水稀释至1 000 mL,此指示剂的pH变色范围见表3－4:

表3－4 pH 4～8混合指示剂显色情况

pH	4.0	4.5	5.0	5.5	6.0	6.5	7.0	8.0
颜色	黄色	绿黄色	黄绿色	草绿色	灰绿色	灰蓝色	蓝紫色	紫色

② pH 4～11混合指示剂。称取0.2 g甲基红、0.4 g溴百里酚蓝、0.8 g酚酞,在玛瑙研钵中混合研匀,溶于95%的400 mL酒精中,加蒸馏水580 mL,再用0.1 mol/L氢氧化钠调至pH=7(草绿色),用pH计或标准pH溶液校正,最后定容至1 000 mL,其变色范围见表3－5:

表3－5 pH 4～11混合指示剂显色情况

pH	4.0	5.0	6.0	7.0	8.0	9.0	10.0	11.0
颜色	红色	橙黄色	稍带绿	草绿色	绿色	暗蓝色	紫蓝色	紫色

3. 训练原理

(1)电位法

用水或中性盐溶液提取土壤中水溶性氢离子、铝离子,再用指示电极(玻璃电极)和另一参比电极(甘汞电极)测定该浸出液的电位差。由于参比电极的电位是固定的,因而电位差的大小取决于试液中的氢离子活度。在酸度计上可直接读出pH。

(2)混合指示剂法

利用指示剂在不同pH溶液中,可显示不同颜色的特性,根据其显示颜色与标准酸碱比色卡进行比色,即可确定土壤溶液的pH。

4. 操作步骤及要求

选择当地土壤,进行下列全部或部分内容。

(1)电位法(见表3-6)

表 3-6

工作环节	操作规程	操作要求
仪器校准	(1)将待测定液与标准缓冲液调到同一温度,并将温度补偿器调到该温度值 (2)用标准缓冲液校正仪器时,先将电极与所测样品 pH 相差不超过 2 个 pH 单位的标准缓冲液相连,启动读数开关,调节定位器使读数刚好为标准液的 pH,反复几次至读数稳定 (3)取出电极洗净,用滤纸条吸干水分,再插入第二个标准缓冲液中,进行校正	(1)长时间存放的电极用前应在水中浸泡 24 h,使之活化后才能正常反应 (2)暂时不用可浸泡在水中,长期不用应干燥保存。两标准之间允许偏差 0.1 个 pH 单位,如超过则应检查仪器电极或标准缓冲液是否有问题 (3)仪器校准无误后,方可用于样品测定
土壤水浸液 pH 测定	(1)称取通过 1mm 筛孔的风干土样 25.0 g 于 50 mL 烧杯中,用量筒加入无 CO_2 蒸馏水 25 mL,在磁力搅拌器上(或用玻璃)剧烈搅拌 1 ~ 2 min,使土体充分分散,放置 30min 后测定 (2)将电极插入待测液中,轻轻摇动烧杯以除去电极上水膜,使其快速平衡,静置片刻,按下读数开关,待读数稳定时记下 pH (3)放开读书开关,取出电极,用水洗涤,用滤纸条吸干水分,再进行第二个样品测定	(1)放置 30 min 时应避免空气中 NH_3 或挥发性酸等的影响 (2)每测 5 ~ 6 个样品后需用标准缓冲液检查定位 (3)电极位置应在上部清液中,尽量避免与泥浆接触;操作过程中避免酸碱蒸汽侵入 (4)待测批量样品时,最好按土壤类型等将 pH 相差大的样品分开测定 (5)标准缓冲液在室温下可保存 1 ~ 2 月,在 4℃ 冰箱中可延长期限。发现浑浊、沉淀不能再施用
土壤氯化钾浸液 pH 测定	当土壤 pH<7 时,应测定土壤氯化钾浸液 pH。测定方法除用 1 mol/L 氯化钾溶液代替无 CO_2 蒸馏水以外,其他步骤与水浸液 pH 测定相同	

(2)混合指示剂(见表 3-7)

表 3-7

工作环节	操作规程	操作要求
样品制备	取黄豆大小待测定土壤样品,置于清洁白瓷比色板穴中,加指示剂 3 ~ 5 滴,以能全部湿润样品而稍有剩余为宜,水平振动 1 min,静置片刻	为了方便而准确,事先配置成不同 pH 的标准缓冲液,每隔半个或一个 pH 单位为一级,取各级标准缓冲液 3 ~ 4 滴于白瓷比色板穴中,加混合指示剂 2 滴,混匀后,即可出现标准色阶,用颜料配置成比色卡片备用
pH 测定	待稍澄清后,倾斜瓷板,观察溶液色度与标准色卡比色,确定 pH	

5. 常见技术问题处理

(1)结果记录(见表 3-8)

表 3-8　土壤 pH 记录表

土样编号	风干土重/g	浸提液用量/mL	土壤 pH

(2)结果分析

①此法测定应不少于三次重复,平行测定结果允许绝对相差:中性、酸性土壤≤0.1个 pH 单位;碱性土壤≤0.2 个 pH 单位。

②编写训练报告,其主要内容:编号、技能训练时间、操作人员;训练原理;操作规程;训练结果;结果分析与体会。

三、土壤速效磷测定

1. 训练目标

能熟练测定当地农田、菜园、果园、绿化地、林地、草地等主要土壤速效磷含量,了解土壤速效磷供应状况,为指导合理施用磷肥提供科学依据。

2. 训练准备

将全班按 2 人一组分为若干组,每组准备一下材料和用具:天平、分光光度计、振荡计、容量瓶、三角瓶、比色管、移液管、无磷滤纸。

提前配制下列试剂:

① 无磷活性碳。为了除去活性炭中的磷,先用 1∶1 盐酸溶液浸泡 24 h,然后移至平板瓷漏斗抽气过滤,用水淋洗到无氯离子为止(4~5 次),再用碳酸氢钠浸提剂浸泡 24 h,在平板瓷漏斗抽气过滤,用水洗尽碳酸氢钠并检查到无磷为止,烘干备用。

② 100 g/L 氢氧化钠溶液。称取 10g 氢氧化钠溶于 100 mL 水中。

③ 0.5 mol/L 碳酸氢钠溶液。称取化学纯碳酸氢钠 42 g 溶于 800 mL 蒸馏水中,冷却后,以 0.5 mol/L 氰化钠调节 pH 至 8.5,洗入 1 000 mL 容量瓶中,用水定容至刻度,贮存于试剂瓶中。

④ 3 g/L 就是酒石锑钾溶液。称取 0.3 g 酒石酸锑钾溶于水中,稀释至 100 mL。

⑤ 硫酸钼锑贮备液。称取分析纯钼酸铵 10 g 溶于 300 mL 约 60 摄氏度的水中,冷却。另取 181 mL 浓硫酸缓缓注入 800 mL 水中,搅匀,冷却。然后将稀硫酸溶液徐徐注入钼酸铵溶液中,搅匀,冷却,再加入 100 mLg/L 酒石酸锑钾溶液,最后用水稀释至 2 mL,摇匀,贮于棕色瓶备用。

⑥ 硫酸钼锑抗混合显色剂。称取 0.5 g 左旋抗坏血酸溶于 100 mL 硫酸钼锑贮备液中。此试剂有效期 24 h,必须用前配制。

⑦ 100 μg/mL 磷标准贮备液。准确称取经 105℃烘干 2 h 的分析纯磷酸二氢钾 0.439 g用水溶解，加入 5 mL 浓硫酸，然后加水定容至 1 000 mL，该溶液放入冰箱可供长期使用。

⑧ 5 μg/mL 磷标准液。吸取 5.00 mL 磷标准贮备液于 100 mL 容量瓶中，定容。该液用时现配。

3. 训练原理

针对土壤质地和性质，采用不同的方法提取土壤中的速效磷，提取液用硫酸钼锑抗混合显色剂在常温下进行还原，使黄色的锑磷钼杂多酸还原成为磷钼蓝，通过比色计算得到土壤中的速度磷含量。

一般情况下，酸性土采用酸性氟化铵或氢氧化钠—草酸钠提取剂测定、中性和石灰性土壤采用碳酸氢钠提取剂，石灰土壤可用碳酸盐的碱溶液。

4. 训练规程和操作要求

见表 3-9，选择处理好的土壤分析样品，进行下列全部或部分内容。

表 3-9

工作环节	操作规程	操作要求
称样	称取通过 1 mm 筛孔的风干土壤样品 2.5 g 置于 250 mL 三角瓶中	样品称量精确到 0.01 g
土壤浸提液制备	准确加入碳酸氢钠溶液 50 mL，再加约 1 g 无磷活性碳，摇匀，用橡皮塞塞紧瓶口，在振荡机上振荡 30 min，立即用无磷滤纸过滤于 150 mL 三角瓶中，弃去最初滤液	用碳酸氢钠浸提有效磷时，温度应控制在(25±1)；若滤液不清，重新过滤
加显色剂	吸取滤液 10.00 mL 25 mL 比色管中，缓慢加入显色剂 5.00 mL，慢慢摇动，排出二氧化碳后加水定容至刻度，充分摇匀。在室温高于 20℃处放置 30 min	若有效磷含量较高，应减少浸提液吸取量，并加浸提剂补足至 10 mL 后显色，以保持显色时溶液的酸度。二氧化碳气泡完全排出
标准曲线绘制	吸取磷标准液 0、0.5、1.00、1.50、2.00、2.50、3.00 mL 于 25 mL 比色管中，加入浸提剂 10 mL，显色剂 5 mL，慢慢摇动，排出二氧化碳后加水定容至刻度。此系列溶液磷的浓度分别为 0、0.1、0.2、0.3、0.4、0.5、0.6 μg/mL。室温高于 20℃处放置 30 min，然后同待测液一起进行比色，以溶液质量浓度作横坐标，以吸光度作纵坐标，绘制标准曲线	标准曲线绘制应与样品同时进行，使其和样品显色时间一致。也可通过计算回归方程，代替标准曲线绘制
比色测定	将显色稳定的溶液，用 1 cm 光径比色皿在波长 700 cm 处比色，测量吸光度	钼锑抗法显色以 20～40℃为宜，如室温低于 20℃，可放置在 30～40℃烘箱中保温 30 min，取出冷却后比色

5. 常见技术问题处理

（1）结果记录（见表3-10）

表3-10　土壤速效磷测定记录表

标准液浓度	0	0.1	0.2	0.3	0.4	0.5	0.6	待测液1	待测液2
吸光度值									

（2）绘制标准曲线或计算回归方程

根据上述测定结果，绘制标准曲线或计算回归方程。

（3）结果计算

从标准曲线查得待测液的浓度后，可按下式计算：

$$\text{土壤速效磷(mg/kg)} = \rho \times \frac{V_{显} \times V_{提}}{V_{分} \times m}$$

式中：ρ——标准曲线上查得的磷的质量浓度，mg/kg；

$V_{显}$——在分光光度计上比色的显色液体积，mL；

$V_{提}$——土壤浸提所得提取液的体积，mL；

m——烘干土壤样品质量，g；

$V_{分}$——显色时分取得提取液的体积，mL。

6. 结果分析

① 平行测定结果以算术平均值表示，保留小数点后一位。平行测定结果允许误差：测定值（mg/kg）为：<10、10～20、>20时，允许差（mg/kg）分别为：绝对平均值≤0.5、绝对值≤1.0、相对相差≤5%。

② 编写训练报告，其主要内容如下：编号、技能训练名称、技能训练时间操作人员；训练原理；操作规程；训练结果，结果分析与体会。

四、土壤速效钾测定

1. 训练目标

能熟练测定当地农田、菜园、果园、绿化地、林地、草地等主要土壤速效钾含量，了解土壤速效钾供应状况，为指导合理施用钾肥提供科学依据。

2. 训练准备

将全班按2人一组分为若干组，每组准备以下材料和用具：天平、分析天平、振荡机、火焰光度计或原子吸收分光光度计、容量瓶、三角瓶、塑料瓶、滤纸。

提前配制下列试剂：

① 1 mol/L 乙酸铵溶液。称取77.08 g乙酸铵溶于1 L水中。用稀乙酸或氨水

(1∶1)调节溶液 PH 至 7.0(绿色),用水稀释至 1L。该溶液不宜久放。

② 100 μg/mL 钾标准溶液。准确称取经 110℃烘干 2 h 的氯化钾 0.1907 g 用水溶解后定容至 1L,贮于塑料瓶中。

3. 训练原理

用中性 1 mol/乙酸铵溶液为浸提液,NH_4^+与土壤胶体表面的钾离子进行交换,连同水溶性钾一起进入溶液。浸出液中的钾可直接用火焰光度计或原子吸收分光光度计测定。

4. 训练规程和操作要求

选择处理好的当地农田、菜园、果园、绿化地土壤分析样品,进行表 3-11 中全部或部分内容。

表 3-11 实验操作

工作环节	操作规程	操作要求
称样	称取通过 1 mm 筛孔的风干土壤样品 5.0 置于 250 mL 三角瓶中	样品称量精确到 0.01 g
土壤浸提液制备	准确加入乙酸铵溶液 50 mL,塞紧瓶口,摇匀,在 20~25℃下,150~180 r/min 振荡 30 min 过滤	若滤液不清,重新过滤
标准曲线绘制	吸取钾标准液 0、3.00、6.00、9.00、12.00、15.00 mL 于 50 mL 容量瓶中,用乙酸铵定容至刻度。此系列溶液钾的浓度分别为 0、6、12、18、24、30 μg/mL	标准曲线绘制应与样品同时进行。也可通过计算回归方程,代替标准曲线绘制
空白实验	在样品测定同时进行两个空白实验。除不加土样外,其他步骤同样品测定	
比色测定	以乙酸铵溶液调节仪器零点,滤液直接在火焰光度计上测点或用乙酸铵稀释后在原子吸收分光光度计上测定	若样品含量过高需要稀释,应采用乙酸铵浸提剂稀释定容,以消除基体效应

5. 常见技术问题处理

(1)结果记录(见表 3-12)

表 3-12 土壤速效钾测定记录表

标准液浓度	0	6	12	18	24	30	待测液 1	待测液 2
吸光度值								

(2)绘制标准曲线或计算回归方程

依据钾标准系列溶液的测定值在方格纸上绘制成标准曲线或计算回归方程,依据待测液测定值在标准曲线上查出相对应的质量浓度或计算待测液浓度值。

(3)结果计算

从标准曲线查得或计算待测液的质量浓度后,按下式计算土壤速效钾含量

$$土壤速效钾(mg/kg)=\frac{\rho \times V_{提}}{m}$$

式中:ρ——从标准曲线上查得或计算待测液中钾的质量,mg/kg;

$V_{提}$——土壤浸提液总体积,mL;

m——风干土样质量,g。

6. 结果分析

①平行测定结果以算术平均值表示,结果取整数。平行测定结果的相对相差≤5%,不同实验室测定结果的相对相差≤8%。

②编写训练报告,其主要内容如下:编号、技能训练名称,技能训练时间、操作人员;训练原理;操作规程;训练结果;结果分析与体会。

项目四

土壤的水、空气和热量的状况

【任务】

1. 掌握土壤水分的类型、土壤水分常数、水分能态、水分的含量表示、水分平衡；

2. 掌握土壤空气的组成特点、换气机制、调节方法；

3. 掌握土壤热量及调节温度的措施。

【能力目标】

1. 能根据生产和市场需求，对当地土壤肥力限制调查进行土壤肥力因素分析，土壤肥力指标测定；

2. 能运用所学知识进行土壤肥力因素合理调节；

3. 能指出土壤水分、空气、热量调节方法及调节温度的措施。

【任务分析】

每4~5人为一个学习组，由一人负责，统筹安排查阅资料并整理，学习组一起讨论，围绕土壤水分、空气、热量调节方法及调节温度的措施制作汇报材料，期间提出存在的疑问，教师引导答疑。

【工作过程】

1. 资料查阅

学习组成员根据给定的工作任务在图书馆、互联网上搜索土壤水分、空气、热量调节方法及调节温度的措施并整理。

2. 资料汇总，制作汇报材料

(1)将所搜集的材料按照类别进行汇总；

(2)指导学生使用相关仪器，测定土壤水分、空气、热量等指标，制作完成汇报材料。

3. 汇报，交流

组织各组进行汇报，提问、交流。

【理论提升】

土壤水分主要来源于大气降水和灌溉水，此外，地下水上升和大气中水汽的凝结也是土壤水分的来源。水分由于在土壤中受到重力、毛管引力、水分子引力、土粒表面分子引力等各种力的作用，形成不同类型的水分并反映出不同的性质。

任务一　土壤水分

一、我国水资源概况

1. 我国水资源的基本特点

(1)水资源不足

虽然我国多年平均地表水资源总量为 27 115 亿立方米，但按人口平均，每人只有 2 100立方米，只相当于世界人均拥有量的 1/4，美国的 1/5。

(2)水资源分布极不均衡

我国幅员辽阔，地形复杂，受季风影响强烈，降水分布极不均衡。总体来看，北方水源不足，南方水源有余。黑龙江、辽河及黄河、淮河、海河流域耕地占全国的 58.2%，水资源占全国的 14.4%，西南诸河、闽、浙、台及长江、珠江流域耕地占全国 35.9%，水资源总量占全国 81%。

(3)降水量时空变化大

我国降水特点是集中在很短的雨季。通常全年 60% ~70% 的雨量都集中在夏秋的 3 ~4 个月内，而且又往往集中于几次连续性的大雨、暴雨。

(4)水土流失严重

我国是世界上水土流失最严重的国家之一。全国水土流失面积达 367 万平方千米，占国土面积的 38%。

(5)水资源污染严重

水资源污染有两种。一种是自然污染，即由于降水对大气的淋洗、对地面的冲刷造成水土流失，挟带各种污染物流入水体而形成；另一种是人为污染，也是主要的一种，即工业废水、城市生活污水和农业退水对水体的污染。

2. 我国农业水资源的利用概况

(1)人均水资源紧张，地域差异明显

根据国家发展和改革委员会宏观经济研究院“水资源利用”课题组(2003)报告，中国水资源总量为 2.81 万亿立方米，居世界第一位。多年平均年降水总量为 6.2 万亿立方米,折合水深648毫米,低于全球陆地平均值约20%。人均占有水资源量为2 200立方米左右,只有世界人均水平的1/4,被列为13个贫水国家之一,在世界153个国家中排在第121位。全国水资源开发利用程度为20%,但北方多数区域已经超过50%,远远超过了国际上公认的40%的警戒线,其中,海河流域接近90%,黄河流域为67%,淮河流域为59%,内陆河流域超过40%。全国平均每年遭受旱灾的耕地面积超过4亿亩,约占农作物总播种面积的1/5。正常年份全国灌区每年缺水约300亿立方米,城市缺水60亿立方米。因缺水粮食减产造成的经济损失约500亿元,影响工业产值2 000多亿元。

全国各流域水资源状况南方和北方差异巨大,北方耕地面积占全国的59.6%,人口占44.3%,而水资源量仅占14.5%,其中,人口和耕地分别占了34.7%和39.4%的黄淮海地区水资源量仅占7.6%;84%的水资源量集中在了人口占53.6%、耕地占34.7%的南方地区。在未来的很长一段时间里,总体上看,人均水资源量将不断减少。

(2)水资源总量无法支撑现有用水模式的持续扩张

由于中国人口结构和经济结构的特点,长期以来,农业和农村生活用水占全国用水总量的绝大部分。但是,随着工业化和城镇化的推进,这个比重在逐渐下降。1949年为97.1%,1980年为88.2%,1997年为75.3%,到了2004年降到了67.6%。而工业和城市生活用水的比重和绝对数量都在不断上升。2004年,工业用水比重达到22.2%(1980年为10.3%),而城市生活用水比重达到10.3%(包括比重为1.48%的生态用水)。总用水量在进入新世纪后逐年有所下降,但这个总量的下降完全是农业和农村生活用水量下降的功劳,农业和农村生活用水量从1997年的4 198亿立方米降到了2003年的3 737亿立方米,而与此同时,工业和城市生活用水量不降反升。

总体上看,节约使用宝贵的水资源是必需的,但是,过去几年农业用水的减少是以粮食产量的不断下降为代价的,比如,1998—2003年,中国的粮食总产量由51 229.5万吨减少到43 069.5万吨,若按照每立方米水生产1公斤粮食计算,2003年,因粮食减产,农业用水就比1998年减少了816亿立方米。但是,这种粮食生产总量的持续减少并不为国家的长远发展所允许。城镇化和工业化对耕地的占用必然导致很长一段时间内耕地面积的不断减少,而人口的增长和生活水平的提高,必然不断扩大对粮食的需求。在保障粮食安全的前提下,中国最根本的选择是提高粮食的单位面积产量。而由于单位用水量对粮食产量的贡献率递减,对粮食单产提高的需求使未来对灌溉用水的需求以更快的速度膨胀。在既定的技术条件下,增加粮食单位面积产量将使得对耕地灌溉能力的要求加速扩张,相反,以提高灌溉水平达到增产目的的效率将越来越低。

据预测,到2020年,中国的粮食消费需求总量将达到59 961万吨,如果届时自给率调整到90%,国内粮食生产总量就应达到54 000万吨。假定届时仍有10 000万公顷的粮食播种面积,每公顷产量就必须增加到5 400千克。如果现有用水模式保持不变,到

2020年,仅粮食生产一项的用水量就将达到5 400亿立方米,比目前农业和农村生活用水总量还高出44%,这个用水量将相当于中国2005年用水总量的97.3%。很显然,随着未来城市和工业的扩张,其所耗费的水资源也将继续增加,水资源余量将越来越无法支撑农业特别是粮食生产的这种用水模式,若不改革,后果将不堪设想。

(3)水资源污染问题将使未来用水形势更为严峻

2002年,水利部采用国家《地表水环境质量标准》(GB3838—2002),对全国河流、湖泊、水库的水质状况进行了评价。评价结果显示,在12.3万千米的被评价河长中,Ⅰ类水河长占5.6%,Ⅱ类水河长占33.1%,Ⅲ类水河长占26.0%,Ⅳ类水河长占12.2%,Ⅴ类水河长占5.6%,劣Ⅴ类水河长占17.5%。全国符合和优于Ⅲ类水的河长占总评价河长的64.7%。在被评价的24个湖泊中,有6个湖泊的水质符合或优于Ⅲ类水,6个湖泊的部分水体受到污染,12个湖泊的水体受到严重污染。在被评价的196座水库中,有146座水库水质良好,达到Ⅰ、Ⅱ、Ⅲ类水质标准。在水质未达到地面水Ⅲ类标准的水库中,水污染极为严重的劣Ⅴ类水质的水库有8座。对161座水库进行营养化程度评价的结果是:水质处于中营养状态的水库有105座,水质处于富营养状态的水库56座。

报告显示,海河、西北黄河、辽河、淮河四大流域的排污程度都远远超出了全国平均水平。海河的排污强度为全国的7.67倍,西北黄河是全国的2.75倍。而这个严重污染着的黄淮海地区承载着全国39.4%的耕地用水。水资源污染使得可用水资源大幅度减少,加剧着这个水资源缺乏地区水资源的供需矛盾。

二、土壤水在农业生态系统中的重要作用

①土壤水分状况是农田植物与其环境间进行各种物质交换的媒介。

②土壤水分状况通过影响土壤温度和通气状况,对植物和品质有重要作用。

③土壤水分移动过程影响生态平衡(土壤盐分)。

土壤水分与地表水、地下水、大气水、植物水构成自然界水分循环完整体系的5个方面,并成为五水转换系统的中心环节。土壤在调节自然水分的正常循环,维持生态环节良性循环方面具有极为重要的作用。

三、土壤含水量的表示方法

(1)质量含水量:土壤中所含水质量与烘干土质量的比值。

$$土壤质量含水量=\frac{土壤水质量}{烘干土质量}\times 100\%$$

其数学表达式为

$$\theta_m=\frac{w_1-w_2}{w_2}\times 100\%$$

式中：θ_m——质量含水量（自然含水率或绝对含水量），%；

W_1——湿土质量；

W_2——烘干土质量。

（2）容积含水量：单位土壤总容积中水分所占的体积分数。

$$土壤容积含水量=\frac{土壤水容积}{土壤总容积}\times 100\%$$

其数学表达式为

$$\theta_v=\frac{V_w}{V_s}\times 100\%$$

式中：θ_v——土壤实际含水量的体积分数，%；

V_s——土壤总体积，cm^3；

V_w——水所占的体积，cm^3。

土壤含水量的质量含水量与容积含水量之间的换算关系如下：

$$\theta_v=\theta_m\times\rho$$

式中：ρ——土壤容重，g/cm^3。

多数土壤密度（容重）在1～1.8之间，沙质土密度多在1.4～1.7 g/cm^3，壤质土在前两者之间。

（3）相对含水量：指土壤含水量占田间持水量的百分数。

$$土壤相对含水量=\frac{土壤含水量}{田间持水量}\times 100\%$$

（4）土壤水层厚度：指一定面积一定土层厚度的土壤中所含土壤水量相当于相同面积下水层的厚度，多用 mm 表示。

$$T_w=T_s\times\theta_v$$

式中：T_w——水层厚度，mm；

T_s——土层厚度，mm；

采用土壤水层厚度的方便之处在于它可直接用于与大气降水量、土壤蒸发量的比较、计算。

（5）绝对水体积（容量）：指一定面积一定厚度土壤中所含水量的体积，量纲为L3。它主要用于确定灌水量和排水量，一般在不标明土壤厚度时，通常指1 m土深。

在农业生产中，及时掌握墒情很重要。利用感官检验土壤墒情，具有简便、快速等特点。①饱墒：含水量18.5%～20%，土色深暗发黑，用手捏之成团，抛之不散，可搓成条，手上有明显的水迹。饱墒为适耕上限，土壤有效含水量最大。②适墒：含水量15.5%～18.5%，土色深沉发暗，手捏成团，抛之破碎，手上留有湿印。适墒是播种耕作适宜的墒情,有效含水量较高。③黄墒:含水量12%~15%,土色发黄,手捏成团,易碎,手有凉爽感觉。黄墒适宜耕作,有效含水量较少,播种出苗不齐,需要灌溉。④干土:含水量在8%以下,土色灰白,土块硬结,细土松散。干土无作物可吸收的水分,不适宜耕作和播种。

四、土壤水分研究的形态学特征与性质

1. 土壤水分的保持

(1)吸附力

吸附力主要指土粒表面分子和水分子之间的吸附力,产生于土粒表面的表面能,称为土粒分子引力;以及胶体表面电荷对水分的极性引力。

(2)毛管力

毛管内水汽界面产生的弯月面力,完全具备液态水的性质,可以自由移动,是土壤水中最为活跃的部分,对农业生产极为重要。

2. 土壤水分类型及性质

土壤吸湿水与膜状水示意图见图4-1。

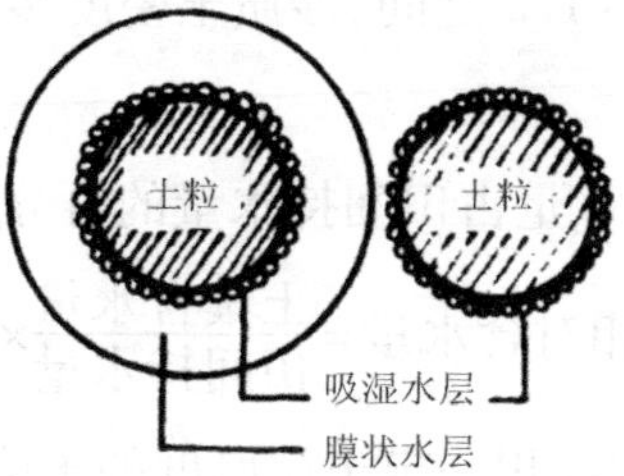

图4-1 土壤吸湿水与膜状水示意图

(1)吸湿水

由于干燥土粒的吸附力所吸附的气态水而保持在土粒表面的水分称吸湿水。

吸湿水的特点:吸湿水受土粒的吸持力很大,内层大于外层,因此不能移动,它的相对密度为1.2~2.4之间(平均1.5),具有固态水的性质,对溶质无溶解力。

土壤吸湿水的含量主要决定于空气的相对湿度和土壤质地。空气的相对湿度愈大,水汽愈多,土壤吸湿水的含量也愈多;土壤质地愈黏重,表面积愈大,吸湿水量愈多。此外,腐殖质含量多的土壤,吸湿水量也较多。吸湿水受到土粒表面分子的引力很大,最内层可以达到pF值7.0,最外层为pF值4.5。所以吸湿水不能移动,无溶解力,植物不能吸收,重力也不能使它移动,只有在转变为汽态水的先决条件下才能运动,因此又称为紧束缚水,属于无效水分。其主要吸附力为分子引力和土壤胶体颗粒带有负电荷时产生的强大的吸引力。

(2)膜状水

把达到吸湿系数的土壤,再用液态水来继续湿润,土壤吸湿水层外可吸附液态水分子形成水膜,这种由吸附力吸附在吸湿水层外面的液态水膜叫膜状(见图4-1)水或薄膜水,其厚度可达几十或几百个以上的水分子。

膜状水的特点:性质与液态水相似,但黏滞性较高而溶解能力较小,它能移动,但速度非常缓慢,一般为0.2~0.4 mm/h,这不能满足作物的需要,只有根系与它接触时,才能被吸收利用。膜状水中土粒吸力小于15 atm的那部分水,属有效水,可被作物利用;而吸力大于15 atm的那部分水,作物便不能利用,为无效水。

薄膜水的含量决定于土壤质地、腐殖质含量等。土壤质地黏重,腐殖质含量高,膜状水含量高,反之则低。膜状水的最大值叫最大分子持水量。膜状水的最大量称最大分子持水量,包括膜状水和吸湿水。

凋萎系数(临界水分):作物呈现永久萎蔫时的土壤含水量称凋萎系数。凋萎系数因土壤质地不同而异,黏土最高,壤土次之,砂土最低。

由于膜状水受到的引力比吸湿水小,pH值一般为4.5~3.8,所以能由水膜厚的土粒向水膜薄的土粒方向移动,但是移动的速度缓慢。薄膜水能被植物根系吸收,但数量少,不能及时补给植物的需求,对植物生长发育来说属于弱有效水分。又称为松束缚水分。吸附力为土粒剩余的引力。

(3)毛管水

超过最大分子持水量的水分,即不受吸附力的作用,因此把这种水称为自由水。毛管水是依靠毛管力保持在毛管中的水分,特点:

①它是土壤中既能被土壤保持又能被植物利用的主要水分。如:毛管水所受的引力为0.08~6.25 atm,比作物根的吸水力(15 atm)小。

②毛管水能向上下左右移动,速度快(10~300 mm/n)。

③毛管水有溶解养分的能力,也有输送养分到作物根部的作用。毛管水的产生主要是由于土壤中毛管力吸持的结果(毛管内气水界面上产生的弯月面力)。

根据土层中地下水面与毛管水相连与否可分为:

①毛管上升水:是指地下水沿着毛管上升而充满毛管孔隙中的水分。土壤中毛管上升水的最大值称为毛管持水量,它是吸湿水、膜状水和毛管上升水的总和。

②毛管悬着水:是指地下水位深,当降雨或灌溉后,借毛管力保持在土壤上层未能下渗的水分,这种像悬着在上层土壤中的毛管水称为毛管悬着水。

毛管悬着水与毛管上升水所不同的是与地下水相连。毛管悬着水的最大量称为田间持水量。它是土壤排除重力水后,土壤本身所能保持的毛管悬着水的最大值,是土壤吸湿水、膜状水和毛管悬着水的总和。

毛管水是土壤中最宝贵的水分,因为土壤对毛管水的吸引力只有 pF 值 2.0~3.8,接近于自然水,可以向各个方向移动,根系的吸水力大于土壤对毛管水的吸力,所以毛管水很容易被植物吸收。毛管水中溶解的养分也可以供植物利用。

(4)重力水

当进入土壤的水分超过田间持水量后,一部分水沿着大孔隙受重力作用向下渗漏,这部分受重力作用的土壤水称重力水。重力水下渗到下部的不透水层时,就会聚积成为地下水。所以重力水是地下水的重要来源。地下水的水面距地表的深度称为地下水位。地下水位要适当,不宜过高或过低。地下水位过低,地下水不能通过毛管支持水方式供应植物;地下水位过高不但影响土壤通气性,而且有的土壤会产生盐渍化。若重力水在渗漏的过程中碰到质地黏重的不透水层或可透水性很弱的层次,就形成临时性或季节性的饱和含水层,称为上层滞水。这层水的位置很高,特别是出现在犁底层以上会使植物受渍,通常把根系活动层范围的上层滞水叫潜水层,对植物生长影响较大。

重力水虽然能被植物吸收,但因为下渗速度很快,实际上被植物利用的机会很少。

上述各类型的水分在一定条件下可以相互转化,例如:超过薄膜水的水分即成为毛管水;超过毛管水的水分成为重力水;重力水下渗聚积成地下水;地下水上升又成为毛管支持水;当土壤水分大量蒸发,土壤中就只有吸湿水。

土壤是一个疏松多孔体,其中布满着大大小小蜂窝状的孔隙。直径 0.001~0.1 mm 的土壤孔隙叫毛管孔隙。存在于土壤毛管孔隙中的水分能被作物直接吸收利用,同时,还能溶解和输送土壤养分。毛管水可以上下左右移动,但移动的快慢决定于土壤的松紧程度。松紧适宜,移动速度最快,过松过紧,移动速度都较慢。降水或灌溉后,随着地面蒸发,下层水分沿着毛管迅速向地表上升,应在分墒后及时采取中耕、耙、耱等措施,使地表形成一个疏松的隔离层,切断上下层毛管的联系,防止跑墒。"锄头有水"的科学道理就在这里。土壤含水量降至黄墒以下时,毛管水运行基本停止,土壤水分主要以气化方式向大气扩散丢失。这时进行整压(磙地),使地表形成略为紧实的土层,一方面可以接通已断的毛细管,使底墒借毛管作用上升;另一方面可减少大孔隙,防止水汽扩散损失,所以群众说"磙子提墒,磙子藏墒"。整压后耱地,使耕层上再形成一个平整而略松的薄层,保墒效果更好。土壤空气对作物种子发芽、根系发育、微生物活动及养分转化都有极大的影响。生产上应采用深耕松土、破除板结、排水、晒田(指稻田)等措施,以改善土壤通气状况,促进作物生长发育。

在 19 世纪末,俄国土壤学家道库恰耶夫(V. V. Dokuchaisv)从土壤发生学的观点,认为土壤的性质是气候、生物、地形、母质和时间等成土因素综合作用的结果。土壤是发育于地球陆地表面具有一定肥力且能够生长植物的疏松表层(包括海、湖浅水区)。它是地球表面上的附着物,人力可以搬动土壤。

思考交流

1. 农民有“锄头底下有火,锄头底下有水”的说法,这种说法是否矛盾?为什么?

2. “冻后聚墒”和土壤的“夜潮”现象说明了什么问题?

3. 某土壤质量含水量为20%,若同一土层平均容重为1.32 g/cm^2,则容积含水量为多少?假使耕层厚度为30 cm,则每亩地耕层内贮水量深度为多少(mm)?若灌水到土壤饱和之后,容积含水量是多少?耕层灌水深度为多少(mm)?如果上述土壤中有效N含量为50×10^{-6},试计算每亩耕层有效N为多少(kg/亩)?

4. 某地土墒0~10 cm土层含水量Qw=15%,容重为1.20 g/cm^2,问该土壤0~30 cm,土层共贮水多少(mm)?若该土壤耕层厚30 cm,则这种土壤耕层每亩多少方水?灌水量又为多少?(已知田间持水量为Qw=30%)

5. 测得某土壤耕层容重为1.32 g/cm^2,土壤含水量为25%,问此时土壤固、液、气三相各占土壤总体积的百分数,如果这个土壤田间持水量为30%,那么,该土壤是否通气良好?

6. 某土壤耕层0~20 cm凋萎含水量为11%,田间持水量为28%,容重为1.25 g/cm^2,问:①该土壤最大有效水含量是多少(mm),每亩多少方?②某时刻土壤含水量为21%,那么,土壤有效水为多少(mm)?③若此进进行灌水,需灌水每亩多少方?④该土壤毛管孔隙度是多少?⑤该土壤饱和含水量为多少?

3. 土壤水势及其分势

土水势的概念:土壤在各种力(吸附力、毛管力、重力和静水压力等)的作用下,势(或自由能)的变化(主要是降低),称为土水势。

4. 土壤水分的有效性

土壤水分的有效性是指水分被植物利用的程度。

有效水:可被植物吸收利用的那一部分水分称有效水。

无效水:另一部分不能被植物吸收利用的水称为无效水。

土壤水分常数(吸湿系数、凋萎系数、最大分子持水量、田间持水量、毛管持水量、饱和持水量等都是土壤水分常数,这些常数对于作物的生长有一定意义)

土壤有效水的范围(%)=田间持水量(%)-凋萎系数(%)。

迟效水:毛管断裂含水量至凋萎系数。

速效水:田间持水量至毛管断裂含水量。田间持水量代表旱地土壤的保水能力,此时土壤对水的吸力已经很小,约为0.1~0.3个大气压,比植物根系的吸水力小很多。因此,这时的土壤水分对植物是有效的。当土壤含水量超过田间持水量时,出现重力水。

重力水虽是植物能吸收的水分,但它只能暂时保存在土壤中,往往植物还来不及吸收就在重力的作用下很快流失。如果重力水长期存在于土壤中,又会造成土壤水分过多而空气和养分不足,反而使植物生长不好。因此,对旱土来讲,重力水是多余的水,甚至是有害的,应该从田间排除。但对水田来讲,重力水是水稻可利用的水分。由上述可知,对旱土来讲,从萎蔫系数到田间持水量之间是土壤有效水的范围,土壤贮存的有效水量为田间持水量和萎蔫系数之差。对于水田,则凡是被犁底层阻滞的水分,都是水稻能吸收利用的水分。

土壤有效水量的多少,受土壤质地、有机质、结构等因素的影响很大。质地适中、有机质丰富、结构良好的土壤,其有效水较多。土壤质地和结构状况与土壤有效水含量的关系如表 4-1 所示。

表 4-1 不同质地、结构的土壤有效水含量的范围

土壤名称	凋萎系数	田间持水量/(%)	有效水含量范围/(%)
砂土	0.2~1.5	3~6	2.8~4.5
砂壤土	1.5~3	6~12	4.5~9
壤土	3~12	12~30	9~14
黏土	12~25	25~45	13~20
结构好的壤土或黏土	3~25	20~50	17~30

思考交流

1. 我国、世界水资源现状(学生发言,教师补充)。
2. 目前水资源浪费、污染状况(学生发言,讨论)。
3. 节水、保水措施(自由发言,小组讨论)。
4. 农业节水措施(教师总结)。

任务二 土壤空气

一、土壤空气的组成特点

土壤孔隙中的气体称为土壤空气,主要来自大气,但土壤空气和大气组成有明显差异,见表 4-2。

表 4-2 土壤空气和大气组成的差异(体积分数)

气体	O_2/(%)	CO_2/(%)	N_2/(%)	其他/(%)
近地表大气	20.94	0.03	78.05	0.98
土壤空气	18.0~20.03	0.15~0.65	78.8~80.24	0.98

与大气相比,土壤空气的组成特点有:第一,土壤空气中的 CO_2 的体积分数高于大气;第二,土壤空气中的 O_2 体积分数低于大气;第三,土壤空气的水汽的体积分数总是多于大气 ;第四,土壤空气中有时有少量还原性气体;第五,土壤空气成分随时间和空间而变化。

二、土壤空气的更新(土壤空气与大气的交换)

1. 整体交换

土壤空气在温度、气压、风、降雨或灌水等因素的作用下整体排出土壤,同时大气也整体进入,称整体交换。交换速度较快。

如土温高于气温,土内空气受热膨胀而被排出土壤,气压低,大气的重量减少,土壤空气被排出。

2. 气体扩散

是指气体分子由浓度高(气压大)向浓度小(气压小)处移动,交换速度较慢。气体扩散是气体交换的主要方式。

土壤中 O_2 的分压总是低于大气,而 CO_2 的分压总是高于大气。所以 O_2 是从大气向土壤扩散,而 CO_2 则是从土壤向大气扩散,正如人不断呼出 CO_2 和吸进 O_2 一样,因此,土壤气体交换被称为“土壤呼吸”。

三、土壤的通气性

土壤通气性是指土壤空气与大气进行交换以及土体允许通气的能力。

土壤通过与大气的交流,不断更新其组成,使土体各部分组成趋向一致,如果土壤通气性差,土壤中的 O_2 在短时间内可能被全部耗竭,而 CO_2 的含量随之升高,以至妨碍作物根系的呼吸。土壤空气对植物生长的影响表现在下述几方面。

1. 影响种子的萌发

种子萌发需要吸收一定的水分和氧气,缺 O_2 会影响种子内物质的转化和代谢活动。有机质嫌气分解也会产生醛类或有机酸而妨碍种子的发芽。

2. 影响根系的发育

通气良好有利于大多数作物根系的生长,表现为根系长,颜色浅根毛多;缺 O_2 土壤中的根系则短而粗,根毛数量大量减少。研究表明,土壤空气中 O_2浓度低于 9% ~10% 时,根系发育则会受到抑制;小于 5% 时,绝大部分作物的根系就停止发育。

3. 影响根系吸收功能

土壤良好的通气状况有利于根系的有氧呼吸,释放较多的能量,有利于根系对养分的吸收。

4. 影响土壤微生物的活动和养分状况

土壤空气的数量和 O_2的含量显著影响到微生物的活性。O_2供应充足时,有机质分解速度快,分解彻底,氨化过程加快,也有利于硝化过程的进行,故土壤中有效氮丰富。

土壤缺 O_2时,则有利于反硝化作用的进行,造成氮素的损失或导致亚硝酸态氮的累积而毒害根系。

5. 影响植物生长的土壤环境状况

植物生长的土壤环境状况包括土壤的氧化还原和有毒物质含量状况。通气良好时,土壤呈氧化状态,有利于有机质矿物和土壤养分释放、通气不良时,土壤还原性加强,有机质分解不彻底,可能产生还原性有毒气体。

任务三　土壤热量

一、土壤热量的来源

土壤温度是土壤热量状况的具体指标,它取决于土壤热量的收入和支出。当土壤接受热量时,土壤温度增高;当土壤失去热量时,土壤温度降低。

1. 太阳的辐射能

太阳辐射能是土壤热量的主要来源,地球表面所获得的平均辐射强度为 1.9 cal*/ cm^2/mm,此值又称太阳常数。

2. 生物热

土壤微生物在分解有机质的过程中常放出一定的热量,但数量较少。

3. 地球内热

由地球内部的岩浆传导至地表的热。但因地壳导热能力差,因此这部分热量占的比例小,但温泉附近,这一热源不可忽视。

* 1cal=卡路里

二、土壤的热性质

土壤接受一定的热量后，所引起的土温变化主要是由土壤本身性质所决定的。

1. 土壤热容量

是指单位重量或单位容积的土壤，当温度增或减 1 ℃ 时所需要吸收或放出的热量，一般用焦耳数表示。

土壤热容量愈大，则土温升高或降低愈慢，反之则愈快。

土壤热容量的表示方法有两种：

①质量热容量。单位质量的土壤每增减 1 ℃ 所需要或放出的热量，称为质量热容量。

②容积热容量。单位容积土壤每增减 1 ℃ 所需要吸收或放出的热量卡数，称为容积热容量。

容积热容量与质量热容量的关系：

$$Cv = C \times d$$（Cv 不好实测，质量热容量可实测）

式中：Cv——容积热容量；

C——质量热容量；

d——土壤容重。

土壤固、液、气三相组成的热容量差异很大。

2. 土壤导热率

土壤吸收一定的热量后，除用于本身的升温外，还将热量传给临近土层。土壤传导热量的特性称土壤导热性。土壤导热性的大小用导热率衡量。

土壤导热率（$J/(cm^2 \cdot S \cdot K)$）：指厚度为 1 cm，两端温度相差 1 ℃时，每秒钟通过 1 cm^2 土壤断面的焦耳数。土壤热量的传导总是从温度高处向土温低处进行。

土壤导热率主要受含水量及松紧程度的影响。土壤导热率随含水量的增加而增加，因为含水量增加后不仅在数量上水分增加易于导热，而且水分增加后使土粒间彼此相连，增加了传热途经，所以湿土比干土导热快。在低温时，导热率与土壤容重呈正比关系。因为容重小，孔度高，孔隙中空气可被认为不传热途径，所以导热率低；容重大，土粒彼此接触紧密，易于导热。一般而言，土壤含水量对土壤导热率增大的影响比容重增加的影响要显著的多。

3. 土壤导温率

指标准状态下，在土层垂直方向上，每厘米内有1℃ 的温度梯度（即单位距离的温差），每秒钟流入 1 cm^3 土壤断面面积的热量，使单位体积（1 cm^3）土壤所发生的温度变化。与导热率成正比，与容积热容量成反比。

土壤导温率的大小同样取决于三相物质的比例。一般而言,土壤固相部分较稳定,土壤导温率主要取决于水和空气的比例,干土温度易上升,湿土温度不易上升。在三相中,土壤空气的导温率最高(0.16 ~0.2 cm^2/S)。土粒居中(0.05 ~0.010 cm^2/S),土壤水分导温率最低。

土壤导温率用下式表示:

$$D=l\ /Cv$$

式中:l——导热率;

Cv——热容量。

热容量不变时,导温率与导热率的增高是一致的,但如果热容量发生变化时,则二者的表现就不一致了。如当干土水分开始增加时,土壤导温率因导热率的增大而增大。但当水分增加到一定程度后,导温率反而降低。

三、土壤热平衡及其热量状况

当土壤表面吸收辐射热后,部分以辐射形式再返回大气,另一部分传给下层土壤,以用以土壤水分蒸发的消耗,余下的热量才用于土壤本身的升温。

土壤热量平衡是指土壤热量在一年中收支情况,可用下式表示:

$$S=W_1+W_2+W_3+R$$

式中:S——土壤表面接受的太阳辐射能;

W_1——地面辐射所损失的热量;

W_2——土壤增稳的热量;

W_3——土壤水分蒸发所消耗的热量;

R——其他方面所消耗的热量。

一般情况下,在太阳辐射能量为一固定量的情况下,如果能减少 W_1、W_3 和 R,土壤温度可随之增加;反之,土壤温度会降低。

农业生产中,常采用中耕松土,地表覆盖,设置风障,塑料大棚等措施以调节土壤温度。

土壤温度是土壤热量状况的具体指标,它取决于土壤热量的收入和支出。当土壤接受热量时,土壤温度增高;当土壤失去热量时,土壤温度降低。

四、土壤温度对植物生长的影响

1. 影响植物根系的生长发育

2 ~4 ℃根系开始缓慢生长, 10 ℃以上根系生长活跃,超过 30 ℃根系的生长开始受阻。各种作物根系生长最适土温是水稻 25 ~30 ℃ ,冬麦和春麦 12 ~16 ℃ ,棉花 25 ~30 ℃ ,玉米 24 ℃ ,豆科作物 22 ~26 ℃ ,甘薯 18 ~19 ℃ ,成年果树根系在 7 ℃ 时活泼,至 21 ℃ 时生长最快。

2. 影响种子的发芽出苗

种子的发芽出苗需要适宜的土温条件,不同作物种子开始萌发的最适土温不同。如大小麦:1~2℃,棉花、水稻、高粱为 12~14℃,种子萌发随平均土温的提高而增加。

3. 影响植物的营养生长与生殖生长

春麦苗期地上部分生长最好的土温为 20~24℃,后期以 12~16℃为好。冬小麦生长最适土温较春麦低 4℃左右。各类作物营养生长最旺盛的土温是:春麦 16~20℃,冬麦 12~16℃,玉米 24~28℃ ,棉花 25~35℃。

4. 对其他肥力因素的影响,间接影响植物的生长

土温影响土壤微生物的活动,大多数土壤微生物活动最适应的温度为 15~45℃,土温适合,微生物活动旺盛,土壤有机质分解迅速而彻底,可以释放更多的有效养分以供植物的吸收利用。土温过高或过低,微生物的活性均会受到抑制。

此外,土温影响土壤的化学、物理变化过程,影响有效养分的释放。

五、土壤空气、热量状况的调节

1. 土壤空气状况的调节

(1)耕作

土壤耕作不仅可以蓄水保墒,而且可以改善土壤的通气性和热量状况,有利于土壤肥力的调节。

(2)合理轮作

巧妙地利用不同茬口的土壤水分条件,对提高作物产量和减轻旱害有重要的意义。如小麦生长前期需水量多,遇干旱极易受害,应安排在底墒较好的茬口上,如玉米、马铃薯、大豆等作物上,有利于农田的水分平衡。

(3)挖沟排水以提高地温

在平原的低洼地区,由于地下水位高或地表积水形成内涝,造成通气不良,土温降低。此时,应挖沟排水以提高地温,有利于调节通气状况。

2. 土壤热量状况的调节

(1)垄作

垄面与地面成 30°~40°角,增大阳光入射角,垄面吸收的热量多。中耕、深翻、镇压、培土等耕作措施都是通过改变土壤孔隙度实现调节土壤热量状况的。

(2)以水调温

水分具有较大的热容量、导热率和蒸发散热,调节土壤的水分状况对土壤热状况有较大的作用。

(3)覆盖

是调节土壤温度最常用的手段之一。包括透明覆盖和非透明覆盖。

如秸秆、化学覆盖剂等,此外还有铺砂盖草等,可以起到保墒增温的效果,塑料薄膜进行地表覆盖不仅有明显的增温作用,也有一定的保墒效果。

(4)设置风障

寒冷多风地区设置风障能降低风速,有减少地面乱流和蒸发耗热的作用,可以有效地提高地温。

任务四　土壤水分含量的测定

一、目的要求

土壤水分是土壤的重要组成部分,也是重要的土壤肥力因素。进行土壤水分含量的测定有两个目的,一是了解田间土壤的水分状况,为土壤耕作、播种、合理排灌等提供依据;二是在室内分析工作中,测定风干土的水分,把风干土重换算成烘干土重。可作为各项分析结果的计算基础。

本试验要求掌握烘干法和酒精燃烧法测定土壤水分的原理和方法,能较准确地测定出土壤的水分含量。

二、仪器与试剂

天平(感量0.01 g和0.001 g)、烘箱、干燥器、称样皿、铝盒、量筒(10 mL)、无水酒精、滴管、小刀、木箱等。

三、测定方法

测定土壤中水分含量的方法很多,常用的有烘干法和酒精燃烧法。烘干法是目前测定水分的标准方法,其测定结果比较准确,适合于大批量样品的测定,但这种方法需时较长。酒精燃烧法测定土壤水分快但精确度较低,只适合田间速测。

(一)烘干法

1. 方法原理

在105±2℃的温度下吸湿水从土壤中全部蒸发,而结构水不会破坏,土壤有机质也不被分解。因此,将土壤样品置于105±2℃下烘至恒重,根据其烘干前后质量之差,就可以计算出土壤水分含量的百分数。

2. 操作步骤

①取有盖的铝盒(或称样皿),洗净,放入干燥器中冷却至室温,然后在分析天平上称重(W_1),并注意标好号,以防弄错。

②用角匙取过1mm筛孔的风干土样4～5 g(精确至0.001 g),铺在铝盒中(或称样皿中)进行称重(W_2)。

③将铝盒盖打开,放入恒温箱中,在105±2℃的温度下烘6 h左右。

④盖上铝盒盖子,将铝盒放入干燥器中20～30 min,使其冷却至室温,取出称重。

⑤打开铝盒盖子,放入恒温箱中,在105±2℃的温度下再烘2 h,冷却,称重至恒重(W_3)。

3. 结果计算

以烘干土为基数计算土壤水分的百分含量(W)。

$$\text{土壤水分含量}=\frac{W_2-W_3}{W_3-W_1}\times100\%$$

平行测定结果的允许绝对相差:水分含量<5%,允许绝对相差≤0.2%;水分含量5%～15%,允许绝对相差≤0.3%;水分含量>15%,允许绝对相差≤0.7%。

4. 注意事项

①测定风干土样中吸湿水含量时,一般用感量0.001 g的分析天平称重,前后两次称重相差不大于0.003 g为恒重。

②一般土壤样品的烘干温度不超过105±2℃,温度过高,土壤有机质易碳化损失。

(二)酒精燃烧法

1. 方法原理

本方法是利用酒精在土壤样品中燃烧释放出的热量,使土壤水分蒸发干燥,通过燃烧前后的质量之差,计算出土壤含水量的百分数。酒精燃烧在火焰熄灭前几秒钟,即火焰下降时,土温才迅速上升到180～200℃,然后温度很快降至85～90℃,再缓慢冷却。由于高温阶段时间短,样品中有机质及盐类损失很少。故此法测定土壤水分含量有一定的参考价值。

2. 操作步骤

称取土样5 g左右(精确度0.01 g),放入已知质量的铝盒中。然后向铝盒中滴加酒精,直到浸没全部土面为止,并在桌面上将铝盒敲击几次,使土样均匀分布于铝盒中。将铝盒放在石棉铁丝网或木板上,点燃酒精,在即将燃烧完时用小刀或玻璃棒轻轻翻动土样，以助其燃烧。待火焰熄灭，样品冷却后，再滴加 2 mL 酒精，进行第二次燃烧，再冷却，称重。一般情况下，要经过 3～4 次燃烧后，土样才可以恒重。

3. 结果计算

同风干土样吸湿水的测定。

4. 注意事项

本法不适用于含有机质高的土壤样品的测定，操作过程中注意防止土样损失，以免出现误差。

思 考 交 流

1. 计算土壤含水量时为什么要以烘干土为基础数？

2. 某风干土样含水量为 6%，欲称取相当于 5.00 g 干土重的土样，问需称取多少克风干土样？

3. 土壤中存在哪些水分类型？

4. 不同季节不同气候和不同时间采集的土壤对测定土壤水分含量有何影响？

5. 风干土壤测定什么类型的土壤含水量？为什么要测定它？

6. 土壤水分在土壤形成和肥力上有何重要作用？

项目五

植物营养与施肥原理

【任务】

1. 了解植物元素组成；

2. 理解氮磷钾三要素的作用；

3. 掌握必需元素的种类、分组、判断标准；

4. 了解叶部的营养状况；

5. 掌握根部营养的迁移、吸收和影响因素；

6. 了解施肥的基本原理；

7. 掌握合理施肥的原则。

【能力目标】

1. 能调查、评价不同植物各种施肥方法的应用效果；

2. 能结合当地土壤、植物情况，推广应用平衡施肥技术；

3. 能以企业员工身份进行团队工作，为企业提供团队建设意见。

【任务分析】

每 4 ~ 5 人为一个学习组，由一人负责统筹安排查阅资料并整理，学习组一起讨论，围绕植物营养与施肥原理制作汇报材料，期间提出存在的疑问，教师引导答疑。

【工作过程】

1. 资料查阅

学习组成员根据给定的工作任务在图书馆、互联网上搜索植物营养与施肥原理并整理。

2. 资料汇总，制作汇报材料

(1) 将所搜集的材料按照类别进行汇总；

(2) 指导学生使用相关资料，结合当地土壤、植物情况，提出不同作物平衡施肥技术，制作完成汇报材料。

3. 汇报,交流

组织各组进行汇报,提问、交流。

任务一　植物必需的营养元素

一、植物的元素组成

植物的组成十分复杂,一般新鲜植物含有75% ~95%的水分和5% ~25%的干物质,如果将干物质燃烧,其中的碳(C)、氢(H)、氧(O)、氮(N)等元素以二氧化碳、水、分子态氮和氮的氧化物形式跑掉,留下的残渣称为灰分。灰分元素包括磷、钾、钙、镁、钠、铁、锰、锌、硼、钡、铜、钼等几十种灰分元素,只占1% ~5%。

到目前为止,已发现植物内化学元素大约有70多种,几乎自然界里的存在的元素在植物体内都能找到。但是,这些化学元素在植物体内含量不同,而且所含的这些元素不一定就是植物生长必需的。有些元素可能是偶然被植物吸收,甚至还能大量积累;反之,有些元素对于植物需要虽然极微, 却都是植物生长不可缺少的营养元素。

二、植物的必需的营养元素

1. 植物的必需的营养元素(见表5-1)

表5-1　植物必需的营养成分

常量营养元素	N, P, K, S, Mg, Ca
微量营养元素	Fe, Mn, Zn, Cu, B, Mo, Cl 和 Ni

1939年Arnon和Stout提出植物必需营养元素的三条标准:

①如缺少某种营养元素,植物就不能完成其生活史(必要性);

②必需营养元素的功能不能由其他营养元素所代替(专一性);

③必需营养元素直接参与植物代谢作用(直接性)。

根据以上三条原则,确定了16种高等植物必需营养元素:碳(C)、氢(H)、氧(O)、氮(N)、磷(P)、钾(K)、钙(Ga)、镁(Mg)、硫(S)、铁(Fe)、锰(Mn)、锌(Zn)、铜(Cu)、钼(Mo)、硼(B)、氯(Cl)。虽然所有高等植物已确定需要上述的16种营养元素,但需要量之间差别很大,一般分为大量元素和微量元素。

①大量营养元素:植物需要的大量元素有碳(C)、氢(H)、氧(O)、氮(N)、磷(P)、钾(K)、钙(Ca)、镁(Mg)和硫(S)等九种,它们一般占植物体干物质重量的百分之几十到

千分之几，因而称之为大量营养元素。

②微量营养元素：植物需要的微量元素有铁（Fe）、硼（B）、锰（Mn）、铜（Cu）、锌（Zn）、钼（Mo）和氯（Cl）等，它们一般占植物体干物质重量的千分之几至十万分之几，甚至更少，故称为微量营养元素（见图5-1,5-2）。

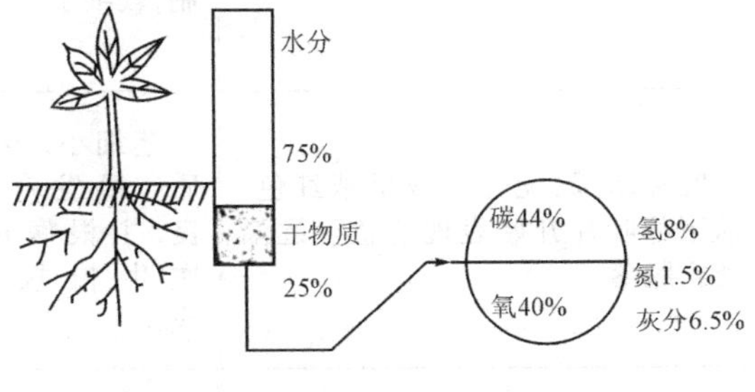

图5-1 植物体干物质的元素组成示意图

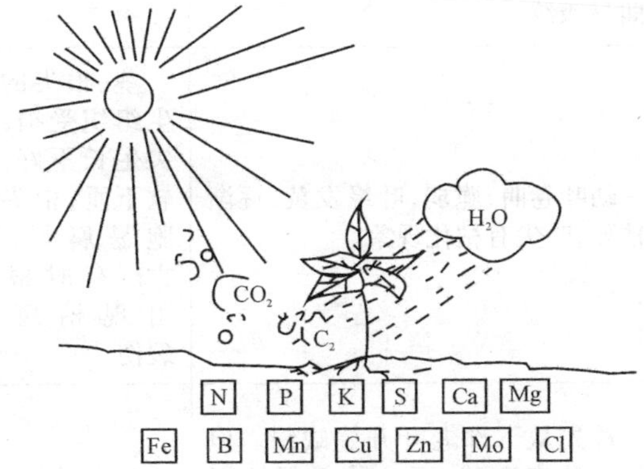

图5-2 植物吸收养分的来源示意图

值得提出的是，在各种营养元素中，除了碳、氢、氧外，农作物对土壤中氮、磷、钾三种元素需要的数量较多，土壤中所含的这三种有效养分的数量又相对比较少，而植物以根茬等形式归还给土壤的氮、磷、钾的数量也较少，这就造成了土壤供给满足不了植物需求的矛盾。实践证明，氮、磷、钾元素的供应对作物产量和品质起着十分重要的作用。因此，人们为了提高农作物产量，改善农产品品质，经常要以施肥的形式把氮、磷、钾三元素补充给土壤，以供作物吸收利用，例如，广大农民经常施用的尿素、过磷酸钙、氯化钾和复合肥就是为了补充土壤中的氮磷钾含量，所以，人们将氮、磷、钾三种养分称为“肥料三要素”。对“肥料三要素”增产作用的研究推动了氮肥、磷肥、钾肥等化肥工业的迅猛发展。

表 5-2 植株缺乏营养元素的一般形态

元素	植株形态	叶	根、茎	生殖器官
氮	生长受到抑制,植株矮小、瘦弱。地上部分受影响严重	叶片薄而小,整个叶片呈黄绿色,严重时下部老叶呈黄色,干枯死亡	茎细小,多木质。根瘦,受抑制,较细小	花果穗发育迟缓,不正常的早熟。种子少而小,千粒重低
磷	植株矮小,生长缓慢。地下部分严重受影响	叶片暗绿,无光泽或呈紫红色。从下部叶片开始表现症状至逐渐死亡脱落	茎细小,多木质。根发育不良,主根瘦长,次生根杈少或无	花少、果少,果实迟熟。易出现秃尖、脱落或落花落蕾。种子小而不饱满,千粒重下降
钾	植株较小且较柔弱,易感染病虫害	开始从老叶尖端沿叶缘逐渐变黄,严重时干枯死亡。叶缘似烧焦状,有时出现斑点状褐癍,或叶卷曲显皱纹	茎细小柔弱,节间短,易倒伏	分叶多但结穗少,果子瘦小果肉不饱满。有时有棱角。籽粒干瘪,皱缩
钙	植株矮小,组织坚硬。病态先发生于根部和地上幼嫩部分,未老先衰	幼叶卷曲,脆弱,叶缘发黄,逐渐枯死,叶尖有枯化现象	茎、根尖的分生组织受损,根尖生长不好,茎软下垂,根尖细胞易腐烂、死亡。有时根部出现枯斑或裂伤	结实不好或很少结实
镁	病态发生在生长后期。黄化,植株大小没有明显变化	首先从下部老叶开始缺绿。但只有叶肉变黄,而叶脉仍保持绿色,以后叶肉组织逐渐变褐而死亡	变化不大	开花受抑制,花的颜色变苍白
硫	植株普遍缺绿,后期生长受抑制	幼叶开始发黄,叶脉先缺绿,严重时老叶变黄白色,但叶肉仍为绿色	茎细小,很稀疏,支根少。豆科作物根瘤少	开花结实期延迟,果实减少
铁	植株矮小,黄化,失绿症状首先表现在顶端幼嫩部分	新出叶叶肉部分开始缺绿,逐渐黄化,严重时叶片枯黄或脱落	茎、根生长受抑制。果树长期缺铁,顶部新梢死亡	果实小
硼	植株矮小,病态首先出现在幼嫩部分。植株尖端发白。茎及枝条的生长点死亡	新叶粗糙、淡绿色,常呈烧焦状斑点。叶片变红,叶柄(脉)易折断	茎脆,分生组织退化或死亡。根粗短,根系不发达。生长点常有死亡	花、蕾或子房脱落,果实或种子不充实,甚至花而不实(油菜),果实畸形,果肉有木栓化现象

续表 5-2

元素	植株形态	叶	根、茎	生殖器官
锰	植株矮小，缺绿病态	幼叶叶肉失绿，但叶脉仍保持绿色，显白条状。叶上常有杂色斑点	茎生长势衰弱，多木质	花少，果实质量减轻
铜	植株矮小，出现失绿现象，易感染病害	禾谷类作物叶尖失绿而黄化，以后干枯、脱落。果树（梨）上部叶片畸形、变色，新梢萎缩	发育不良，果树茎上常排出树胶	谷类作物穗和花发育不全，有时大量分叶而不抽穗，种子不易成形
锌	植株矮小，水稻常表现为缩苗	果树除叶片失绿外，在枝条尖端常出现小叶、畸形。枝条节间缩短成簇生状。玉米缺锌常出现白苗	严重时枝条死亡，根系生长差	果实小或变形，核果、浆果的果肉有紫斑
钼	植株矮小，生长缓慢，易受病虫害	幼叶黄绿。叶脉间出现缺绿。老叶变厚。呈蜡质，叶脉间肿大，并向下卷曲。严重时叶片枯萎以至坏死	豆科植物根瘤发育不良，瘤小而少	豆科作物有效分枝和豆荚减少，百粒重下降。棉花蕾铃脱落。小麦灌浆差；成熟延迟，籽粒不饱满

有益元素随着科学技术特别是分析化学技术的发展，在16种必需营养元素之外，还有一类营养元素，它们对某些植物的生长发育具有良好的作用，或为某些植物在特定条件下所必需，但限于目前的科技发展水平，还没有证实它们是否是高等植物普遍所必需，人们称之为有益元素（Beneficialelement），其中主要包括硅（Si）、钠（Na）、钴（Co）、硒（Se）、镍（Ni）、铝（Al）等。有益元素与植物生长发育的关系可分为两种类型，第一种是该元素是某些植物种群中特定的生物反应所必需，例如钴是豆科植物固氮及根瘤生长所必需的；镍在豆科植物氮代谢中有重要功能；第二种是某些植物生长在该元素过剩的特定环境中，经过长期进化后，逐渐变成需要该元素，例如硅是稻、麦、甘蔗等禾本科植物所必需的，对番茄、黄瓜、菜豆、草莓等也有一定作用，缺硅会使植物生殖生长期的受精能力减弱，降低果实数和果重。此外，钴、硒等元素是动物所必需的微量元素，为了满足动物的需求，首先应在植物体内保持有一定的含量。在必需营养元素中，碳、氢、氧来自空气中的二氧化碳、水，而其他元素几乎全部来自土壤。只有豆科植物可固定空气中的氮气，植物叶片也能从空气中吸收一部分气态养分，如二氧化硫等。由此可见，土壤不仅是植物生长的介质，而且也是植物生长所需要的矿质养分的主要供给者。实践证明，土壤有效态养分元素的含量对植物生长有明显影响。人们相信，由于分析技术，尤其是化学品的纯化技术的不断改进，有可能使植物体内许多含量极低的一些化学元素，进入必需营养元素的行列，也有可能再发现一些新的必需营养元素。表5-2为植物缺乏营养元素的一般形态。

2. 植物营养元素的同等重要律和不可代替律

植物对各种营养元素的需要量尽管不一样，但各种营养元素在植物的生命代谢中各自有不同的生理功能，相互间是同等重要和不可代替的，例如，植物缺氮所产生的症状只有施用氮肥才能纠正，其他元素不能替代。

3. 了解了各种元素的生理功能对于科学施肥、实现优质高产具有重要的意义

①碳、氢、氧三种元素在植物体内含量量多，占植物干重的90%以上，是植物有机体的主要组成，它们以各种碳水化合物，如纤维素、半纤维素和果胶质等形式存在，是细胞壁的组成物质。它们还可以构成植物体内的活性物质，如某些纤维素和植物激素。它们也是糖、脂肪、酸类化合物的组成成分。此外，氢和氧在植物体内生物氧化还原过程中也起到很重要的作用。由于碳、氢、氧主要来自空气中的二氧化碳和水，因此一般不考虑肥料的施用问题。但塑料大棚和温室要考虑施用 CO_2 肥，但需注意 CO_2 的浓度应控制在0.1%以下为好。

②氮是植物体内许多重要有机化合物的成分，在多方面影响着植物的代谢过程和生长发育。氮是蛋白质的主要成分，是植物细胞原生质组成中的基本物质，也是植物生命活动的基础。没有氮就没有生命现象。氮是叶绿素的组成成分，又是核酸的组成成分，植物体内各种生物酶也含有氮。此外，氮还是一些维生素（如维生素 B1、B2、B6 等）和生物碱（如烟碱、茶碱）的成分。

③磷是植物体内许多有机化合物的组成成分，又以多种方式参与植物体内的各种代谢过程，在植物生长发育中起着重要的作用。磷是核酸的主要组成部分，核酸存在于细胞核和原生质中，在植物生长发育和代谢过程中都极为重要，是细胞分裂和根系生长不可缺少的。磷是磷脂的组成元素，是生物膜的重要组成部分。磷还是其他重要磷化合物的组成成份，如腺三磷（ATP），各种脱氢酶、氨基转移酶等。磷具有提高植物的抗逆性和适应外界环境条件的能力。

④钾不是植物体内有机化合物的成分，主要呈离子状态存在于植物细胞液中。它是多种酶的活化剂，在代谢过程中起着重要作用，不仅可促进光合作用，还可以促进氮代谢，提高植物对氮的吸收和利用。钾调节细胞的渗透压，调节植物生长和经济用水，增强植物的抗不良因素（旱、寒、病害、盐碱、倒伏）的能力。钾还可以改善农产品品质。

⑤钙、镁、硫能稳定生物膜结构，保持细胞完整性，在植物离子选择性吸收、生长、衰老、信息传递以及植物抗逆性方面有重要作用。镁是叶绿素的组成成分，叶绿素 a 和叶绿素 b 中都含有镁，对植物的光合作用、碳水化合物的代谢和呼吸作用具有重要意义。硫是构成蛋白质和酶的不可缺少的成分。

⑥微量元素铁是合成叶绿素所必需的，与光合作用有密切的关系。硼能促进碳水化合物的正常运转，促进生殖器官的形成和发育，促进细胞分裂和细胞生长，提高豆科植物的固氮能力。锰在植物体内的作用主要是通过对酶活性的影响来实现的，所以锰又叫催化元素。铜是植物体内许多氧化酶的成分，或是某些酶的活化剂，参与许多氧化还原反

应,它还参与光合作用,影响氮的代谢,促进花卉器官的发育。锌是某些酶的成分或活化剂,锌通过酶的作用对植物碳、氮代谢产生广泛的影响并参与光合作用,参与生长素的合成,促进生殖器官发育和提高抗逆性。钼是固氮酶和硝酸还原酶的成分,氮代谢和豆科植物共生固氮都少不了钼,钼还能促进光合作用。氯参与植物光合作用,调节气孔的开闭,增强作物对某些病害的抑制能力。

【注意的问题】

1. 必需营养元素的来源:

碳和氧来自空气中的二氧化碳;

氢和氧来自水。

其他的必需营养元素几乎全部是来自土壤。由此可见,土壤不仅是植物生长的介质,而且是植物所需矿质养分的主要供给者。

2. 必需营养元素间的相互关系

植物十六种必需营养元素在植物体内构成了复杂的相互关系,这些关系主要表现为同等重要和不可替代的关系。

N、P、K 素有“肥料三要素”之称;

有益元素对某些植物种类所必需,或是对某些植物的生长发育有益。

磷和镁有协助吸收关系,但是磷过多会阻碍钾的吸收,造成锌固定,引起缺锌,阻碍铜、铁的吸收。

钾能促进硼的吸收,协助铁的吸收。然而,钾过多会阻碍氮的吸收,抑制钙、镁的吸收,严重时引起脐腐(番茄)和叶色黄化。

锰对氮、钾、铜有互助吸收的作用。锰过多会抑制铁的吸收,并会诱发缺镁。适量的铜供应,能促进锰、锌的吸收。

锌过量会抑制锰的吸收,降低磷的有效性。钾、钙、氮、磷某一种元素过剩,会影响锌的吸收。

镁和磷具有很强的互助依存吸收作用,可使植株生长旺盛,雌花增多,并有助于硅的吸收,增强作物的抗病性,抗逆性。

镁和钾具有显著的互抑作用,镁过多,杆细果小,易滋生真菌性病害。钙和镁有互助吸收作用,可使果实早熟,硬度好,耐贮运。钙过多,阻抑氮、钾的吸收,易使新叶焦边,杆细弱,叶色淡。镁可以消除钙的毒害。硼可以促进钙的吸收,增强钙在植株体内的移动性,但硼过多会抑制氮、钾、钙的吸收。

腐殖酸可与一些难溶盐形态存在的微量元素如 Fe、Al、Cu、Mg、Zn 等形成络合物,溶于水被作物吸收,有效地解决了营养元素之间的互抑作用,营养平衡,容易吸收。

三、必需营养元素的主要功能

根据元素在植物体内的生物化学作用和生理功能,可将植物必需营养元素分为四组。

第一组:植物有机体的主要组分,组成有机体的结构物质和生活物质,包括 C、H、O、N 和 S;

第二组:P、B(Si)都以无机阴离子或酸分子的形态被植物吸收,稳定细胞壁和生物膜构型,并可与植物体中的羟基化合物进行酯化作用,形成连接大分子的酯键,储存及转换能量;

第三组:K、(Na)、Ca、Mg、Mn、Cl,这些离子有的能构成细胞渗透压,有的能活化酶,或成为酶和底物之间的桥接元素,维护细胞内的有序性,如渗透调节、电性平衡等 ,活化酶类;

第四组:Fe、Cu、Zn、Mo,这些元素的大多数可通过原子价的变化传递电子。

思考交流

1. 如何判断某元素是不是植物的必需营养元素? 植物必需的大量元素和微量元素各包括哪些元素?

2. 简述养分在韧皮部移动能力的大小及其在植物体内的再利用程度与相应的植物缺素部位之间的关系。

任务二　植物对养分的吸收

一、植物根系的特性与施肥

1. 养分离子向根部迁移

养分离子向根部迁移,一般有三个途径:即截获、扩散和集流。

应重点掌握这三种途径的基本概念、特点及影响因素。

①截获。植物根与土粒是密切接触的,当黏粒表面所吸附的阳离子与根表面所吸附的阳离子两者水膜相互重叠时,就可能发生离子交换,即离子接触交换,称截获。可见影响截获主要是根与土粒接触面积的多少和根的 CEC。

实际上接触交换作用是非常微弱的。Ca 离子通过截获吸收较多些,其次是 Mg 离子。

②集流。当气温较高时，植物蒸腾作用较大，失水较多，使根际周围水分不断地流入根表，土中离子态养分也就随着水流达到根表，这种形式称集流。

N 和 Ca、Mg 供应量常能满足一般作物的需要。

③扩散。根对养分的吸收大于养分由集流迁移根表的速率，这时根表面养分离子浓度下降，同时根周围土壤中养分也有不同程度减少，出现根际某些养分亏缺，根表与附近土体间产生浓度梯度，高浓度养分向低浓度扩散，土壤中养分则向根表迁移。可见扩散取决于根表与其周围养分浓度梯度的高低。它受很多因素的影响，如土体中水分含量、养分的扩散系数、土壤质地、土壤温度等等。

以上养分迁移的三种过程在土壤中是同时存在的。

2. 养分跨膜吸收过程

养分需要通过原生质膜才能进入共质体。

(1)被动吸收

定义：膜外养分顺浓度梯度(分子)或电化学势梯度(离子)、不需消耗代谢能量而自发地(即没有选择性地)进入原生质膜的过程。

特点：吸收养分不需消耗能量，属物理化学过程；吸收养分无选择性；顺浓度梯度。

(2)主动吸收

定义：膜外养分逆浓度梯度或电化学势梯度、需要消耗代谢能量、有选择性地进入原生质膜内的过程。

3. 根系吸收

①养分由根的外表皮穿过皮层进入中柱的过程。包括质外体途径和共质体途径。了解质外体途径和共质体途径的概念及离子迁移的方式。

②养分和水分通过木质部和韧皮部的薄壁组织由根系向地上部或由地上部向根系的运输过程。

二、植物根外营养或叶部吸收

即植物通过叶面和嫩茎吸收养分，维持其正常生长的过程，为植物营养的辅助方法。

1. 特点

①可直接供给植物吸收营养物质，防止土壤固定和转化，达到经济用肥的目的。

②叶部对养分的吸收、转化比根部快，能及时满足作物对养分的需求。

③直接影响植物代谢，可提高作物产量和改善作物品质。

④用量少，效益高。

2. 吸收的部位、途径及时期

①吸收部位：叶片角质层、气孔。

②吸收途径：气孔扩散，如 CO_2、H_2O 、SO_2 等。角质层渗透，如 N、P、K、Ca、Mg 等。

3. 影响因素

①叶面积大小，角质层厚薄。

②营养液组成。

③营养液浓度与反应(pH 值) 。

④喷施时间、次数和部位。

三、影响植物吸收养分的环境条件

(一)气候条件对植物吸收养分的影响

土壤养分的供应状况，直接影响作物生长。根系对养分的吸收能力，不仅取决于不同种类作物的根系特征，而且受根系生长的外部环境的强烈影响。所以，为了调节根部对养分的吸收，必须因地制宜采取措施，改善根部吸收养分的条件。

1. 光照与温度

光照影响光合作用的强度，从而影响生物化学能的供应，进而影响作物对养分的主动吸收。光合作用不仅是一个把无机物转化为有机物的过程，也是一个把光能转化为生物化学能的过程，而作物对养分的吸收是一个耗能的过程，需要能量参与。光照越强，光合作用强度越大，产生的生物化学能越多，养分吸收也越多；反之，光照越弱，光合作用强度越小，产生的生物化学能越少，吸收的养分也越少。光照还影响蒸腾作用，从而影响养分在土壤中的迁移(质流)及作物对养分的吸收。

温度影响作物的生理活动。在一定的温度范围内(0 ~ 30℃)，作物对养分的吸收与温度呈正相关，随着温度的升高而增加。温度过低会使根系的呼吸作用减弱，能量的供应也随之减少；同时低温还会导致原生质膜的阻抗增加；根系的生长速度减慢，从而使作物对养分的吸收减少。温度过高会使酶钝化，导致酶的活性降低；同时原生质膜的通透性增加而引起离子的渗漏，养分的吸收也会减慢。在一定的温度范围内，随着温度升高，养分有效性增加，微生物活动增强，养分转化加快，从而影响作物对养分的吸收。不同的作物适宜的温度范围不同，作物吸收养分最适宜的温度范围与作物的遗传特性有很大的关系：棉花吸收养分最适宜的温度为 28 ~ 30℃，水稻为 30 ~ 32℃，玉米为 25 ~ 30℃，大豆为 20 ~ 30℃。低温对阴离子吸收的影响比阳离子明显，可能是因为阴离子的吸收以主动吸收为主，需要能量参与有关，另外低温对磷、钾吸收的影响比氮明显，所以越冬作物增施磷肥，能补偿低温导致阴离子吸收不足的影响，增施钾肥能增加作物的抗寒性，有利于作物安全越冬，总体上讲越冬作物要多施磷、钾肥。

2. 水分

水分是生命活动的重要因素,其对作物吸收养分的影响是多方面的。土壤中养分的释放、迁移和植物吸收养分等都和土壤水分有密切关系,土壤水分适宜时,养分释放及其迁移速率都高,从而能够提高养分的有效性和肥料中养分的利用率。土壤水分是化肥溶解和有机肥料矿化的必要条件,养分通过扩散与质流的方式向根表迁移以及根系对养分的吸收都必须有水。

土壤水分影响土壤中离子的溶解度、土壤氧化还原状况,也间接影响离子的吸收。在一定范围内,32P 在土壤中的扩散系数与土壤水分含量成正相关。应用示踪原子研究表明,在生草灰化土上,冬小麦对硝酸钾和硫酸铵中氮的利用率,湿润年分为 43% ~ 50%,干旱年分为 34%;反之当土壤含水量过高时,一方面稀释土壤中养分的浓度,加速养分的流失,另一方面会使土壤下层的氧不足,根系集中生长在表层,不利于吸收深层养分,同时有可能出现局部缺氧而导致有害物质的产生而影响植物的正常生长,甚至死亡。在干旱地区采取保墒措施,可增加根部对养分的吸收,因此在灌区提倡合理用水对防止水肥损失和提高肥效都具有重要意义。

(二)土壤环境对植物吸收养分的影响

1. 土壤通气状况

土壤通气状况直接影响到根系的呼吸作用,通气良好时根系吸收矿质元素速度快。但缺氧时,根系的生命活动受影响,从而会降低对矿质的吸收。因此,增施有机肥料,改善土壤结构,加强中耕松土等改善土壤通气状况的措施能增强作物根系对矿质元素的吸收。如南方的冷浸田和烂泥田,地下水位高,土壤通气不良,影响了水稻根系的吸水和吸肥。土壤通气影响到根系的呼吸作用,影响到三磷酸腺苷(ATP)的供应,从而影响到养分的吸收。养分的吸收必须依赖于根系呼吸作用产生的能量,而呼吸作用中的有氧呼吸又依赖于氧气的供应,所以通气条件会影响到养分的吸收。

2. 土壤 pH 值

土壤 pH 值对矿质元素吸收的影响因离子性质不同而异,一般阳离子的吸收,随 pH 值升高而加速;而阴离子的吸收,则随 pH 值增高而下降。一般认为土壤溶液 pH 值对作物营养的间接影响比直接影响大得多。例如,当土壤的碱性逐渐增加时,Fe^{2+}、Ca^{2+}、Mg^{2+}、Cu^{2+}、Zn^{2+}、PO_4^{3-}等逐渐变成不溶性化合物,作物吸收它们的量也逐渐减少;在酸性环境中,Ca^{2+}、Mg^{2+},Fe^{2+}、Mn^{2+}等溶解性增加,易被雨淋失。一些离子如 NO_3^- 和 Cl^- 的有效性受土壤 pH 值影响较小。一般作物最适生长的 pH 值在 6 ~ 7 之间,但有些作物喜好偏酸环境,如茶、马铃薯、烟草等,还有一些作物喜好偏碱环境,如甘蔗和甜菜等。

3. 养分浓度

当土壤溶液浓度很低时,作物根系吸收矿质元素的速度随着浓度的增加而增加,但达到某一浓度时,再增加离子浓度,根系对离子的吸收速度不再增加。这一现象可用离子载体的饱和效应来解释。土壤中养分浓度过高时会引起水分的反渗透,导致"烧苗"。所以,向土壤中施用化肥过度,或叶面施肥及农药的浓度过大时,都会引起作物受到伤害甚至死亡,应当注意避免。

4. 离子间的相互作用

土壤是一个复杂的多相体系,不仅养分浓度影响植物的吸收,而且各种离子之间的相互关系也影响着植物对它们的吸收。过去的研究表明,影响植物吸收离子养分的主要相互关系为拮抗作用和协同作用。这些作用都是对一定的植物和一定的离子浓度而言的,是相对的而不是绝对的。如果浓度超过一定的范围,离子协同作用反而会变成离子拮抗作用。一般只对某些作物和离子的某一浓度范围而发生。在农业生产中对两种或者两种以上离子间的拮抗作用和协助作用,应当加以充分认识,才能发挥有利因素,克服不利因素,达到合理施肥,提高肥效。

任务三　植物营养特点和施肥

一、植物不同生育期的营养特性

作物在从种子萌发经营养生长到形成种子的整个生长周期内,要经历几个不同的生长发育阶段。在这些生育阶段中,除前期种子营养阶段和后期根部停止吸收的阶段外,其他的生育阶段中都要通过根系从土壤中吸收养分。作物通过根系从土壤中吸收养分的整个时期称为作物的营养期。在作物的营养期中,不同生育阶段作物对养分的吸收有不同的特点,主要表现在对营养元素的种类、数量和比例等方面有不同的要求,这就是作物营养的阶段性。(见表5-3,表5-4,图5-3,图5-4)

总的来说,作物吸收养分的一般规律是:生长初期吸收的数量和强度都较低,随着时间的推移,对养分的吸收逐渐增加,到成熟阶段又趋于减少。

从作物在不同生育时期对养分的吸收状况来看,有两个极其重要的时期,一是作物营养临界期,另一个是作物营养最大效率期。如能及时满足这两个重要时期对养分的要求,可以显著地提高作物产量。

表5-3 冬小麦各生育期中养分吸收质量分数 单位:%

生育期	氮(N)	磷(P_2O_5)	钾(K_2O)
越冬前	14.4	9.1	6.9
返青	2.6	1.9	2.8
拔节	23.8	18.0	3.03
孕穗	17.2	25.7	36.0
开花	14.0	37.9	24.0
乳熟	20.0		
完熟	8.0	7.4	

表5-4 棉花各生育期中养分吸收质量分数 单位:%

生育期	氮(N)	磷(P_2O_5)	钾(K_2O)
出苗—真叶	0.78	0.59	0.21
真叶—现蕾	9.96	5.21	1.90
现蕾—开花	52.76	28.80	17.29
开花—成熟	36.50	65.40	80.60

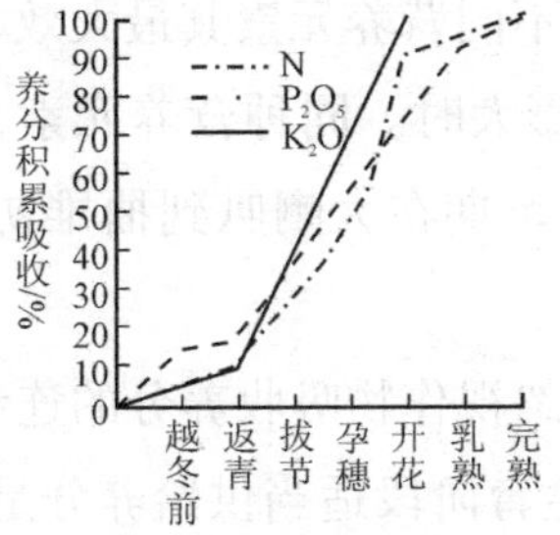

图5-3 冬小麦不同生育期养分累积吸收曲线

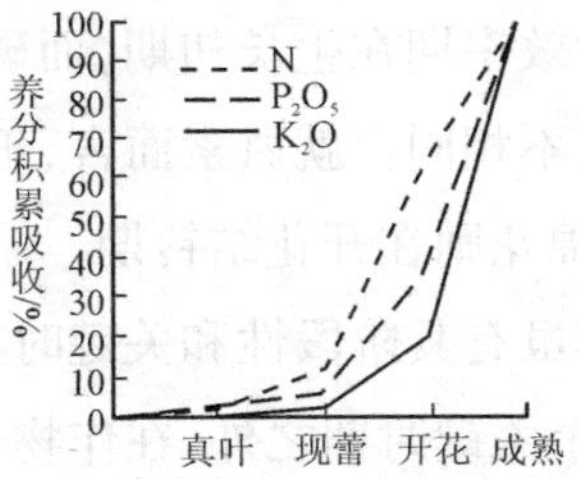

图5-4 棉花不同生育期养分累积吸收曲线

1. 作物营养临界期

作物在生长发育的某一时期,对养分的要求虽然在绝对数量上并不特别多,但要求却很迫切,不可缺少。如果这时缺乏某种养分,就会明显地表现出生长发育受抑制,产量也受到严重影响。此时造成的损失,即使以后补施该种养分,也很难弥补。这个时期称为作物营养临界期。

作物营养临界期一般出现在作物生长的早期阶段。

对于不同养分,其营养临界期也不完全相同。大多数作物的磷营养临界期都在幼苗期。例如,棉花一般在出苗后10~20天,玉米在出苗后一周左右,水稻,小麦在三叶期,油菜在3~5叶期。作物幼苗期一般正是由种子营养转向土壤营养的转折时期,此时种子中贮藏的磷素近于耗尽,急需从土壤中获得磷营养来补充。根据一般作物需磷的临界期在幼苗期，并考虑到磷在土壤中移动性小，容易被固定以及磷在植物体内能被再利用等特点，通常把磷肥作为底肥和种肥施用。

作物氮营养临界期一般比磷营养期稍靠后一些，往往是在营养生长转向生殖生长的时候。例如冬小麦在分蘖和幼穗分化期，此时如缺氮，小麦分蘖少，穗数少，产量不高。即使在生长后期补施氮肥，也只能增加茎叶中氮素含量，而对增加穗数和粒数已无济于事了。棉花氮营养临界期在现蕾初期，这时如果缺氮，则现蕾慢、蕾数少、易脱落，必然使棉株结铃减少，产量下降。

关于钾的营养临界期，因为钾在作物体内流动性大，有高度被再利用的能力，一般不易判断。据日本资料报道，水稻的钾营养临界期可能在分蘖初期和幼穗形成期。

2. 作物营养最大效率期

在作物生长发育过程中还有一个时期，作物对养分的要求，不论是在绝对数量上，还是在吸收速率上都是最高的。此时施用肥料所起的作用最大，增产效率也最显著。这个时期就是作物营养最大效率期。最大效率期作物生长速度快，干物质增长量大，需各种养分多，常常是作物营养生长的盛期或营养生长与生殖生长同时并进的时期，为了争取高产，此时应及时追肥。值得指出的是，同种作物，不同营养元素其最大效率期不同。如甘薯的氮最大效率期在生长初期，而磷、钾在块根膨大时。同种营养元素，不同作物，其最大效率期也不相同。就氮素而言，玉米的最大效率期在大喇叭到抽雄初期，小麦在拔节到抽穗期，棉花则在开花结铃期。

作物营养虽有其阶段性和关键时期，但也不可忽视作物吸收养分的连续性。任何一种作物，除两个关键时期之外，在作物生长的各个生育阶段适当供给养分是十分必要的，否则关键时期所施的肥料也不能充分发挥肥效，获得高产也是不可能的。因此，在施用肥料时应根据作物的营养特点施足基肥（考虑养分连续性），重视种肥（满足营养临界期要求），适时追肥（满足最大效率期）。

二、合理施肥的基本原理

要保证农作物持续、稳定地增产，合理施肥是十分重要的措施之一。合理施肥是指在一定气候、土壤条件下，人们在栽培某种作物或一系列作物所采取的正确的施肥措施。它包括有机肥料和无机肥料的配合，各种养分的配合，肥料品种的选择，适宜的施肥期，施肥方法的选择和经济的施肥量的确定等内容。合理施肥应考虑两条标准，一是产量标准，即通过改进施肥技术提高肥料利用率，使单位重量的肥料能够换回更多的农产品；二是经济标准，即在用较少肥料投资获得较高产量的同时，努力降低施肥成本，以获得最大的经济效益。

为达到以上二条标准，必须首先掌握施肥的基本原理，即现代植物营养学基本理论。这些理论简单归为一个中心,三个基本规律,一个中心就是养分归还学说,三个基本规律分别是最小养分学说、报酬递减规律、因子综合作用律。

1. 养分归还学说

养分归还学说是指植物仅从土壤中摄取为其生活所必需的矿物质养分,每次收获必从土中带走某些养分,使得这些养分物质在土壤中贫化。但土壤贫化程度因植物种类而不同,进行的方式也不一致。某些植物(例如豌豆)主要摄取石灰(Ca),其他一些则大量摄取钾,另外一些(谷类植物)主要摄取硅酸,因此,植物轮换茬只能减缓土壤中养分物质的贫竭和协调地利用土壤中现存的养分源泉。如果不正确地归还植物从土壤中所摄取的全部物质,土壤肥力迟早是要衰竭的。要维持地力就必须将植物带走的养分归还于土壤,办法就是施用矿质肥料,使土壤的养分损耗和营养物质的归还之间保持着一定的平衡。其要点是为恢复地力和提高植物单产,通过施肥把植物从土壤中摄取并随收获物而移走的那些养分归还给土壤。

2. 最小养分律

田间植物产量决定于土壤中最低的养分,只有补充了土壤中的最低养分才能发挥土壤中其他养分的作用,从而提高农植物的产量。即施肥的“木桶理论”。最小养分律是科学施肥的重要理论之一。当代的平衡施肥理论就是以最小养分律为依据发展建立的。生产上及时注意最小养分的出现并不失时机的予以弥补,从而使得产量持续不断的增产。但是在应用最小养分方面应注意以下三点:

①最小养分是指土壤中有效性养分含量相对最少的养分,作物产量的高低受土壤中相对含量最低的养分所制约,只有补施最小养分,才能提高产量;

②补充最小养分时,还应考虑土壤中对植物生长发育必需的其他养分元素之间的平衡;

③最小养分是可变的,它是随植物产量水平和土壤中养分元素的平衡而变化,如果增施不含最小养分的肥料,不但难以增产,还会降低施肥的效益。必须经常进行土壤养分的测定,研究土壤-植物系统中养分的变化,及时通过科学施肥平衡和调整。最小养分律强调施肥要有针对性。

最小养分律的扩大和延伸:增加一个因子的供应,可以使作物生长增加。但在遇到另一个生长因子不足时,即使增加前一个因子,也不能使作物增产,直到缺少的因子得到满足,作物产量才能继续增长。

3. 报酬递减律

指在技术条件相对稳定的情况下,随着施肥量的增加,作物的总产量是增加的,但单位施肥量的增产量却是依次递减的。

德国的科学家在前人工作的基础上,通过燕麦施用磷肥的砂培试验,得出了与报酬递减律相吻合的结论。即:在其他技术条件(如品种、溜溉、密度等)相对稳定的前提下,随着施肥量的增加,作物产量也随着增加,但是施肥量越多,每一单位数量肥料所增加的产量越少,即作物的增产量随着施肥量的增加而逐渐减少(见图5-5)。

报酬递减律告诫我们:施肥要有限度,不是施肥越多越增产,超过合理施肥量上限就是盲目施肥。

报酬递减律是一个经济学上的定律。18世纪后期,欧洲经济学家杜尔哥和安德森根据投入与产出之间的关系提出来的。目前对该定律的一般表述是:从一定土地上所得到的报酬随着向该土地投入的劳动和资本量的增大而有所增加,但随着投入的单位劳动和资本量的增加,到一个"拐点"时,投入量再增加,则肥料的报酬却在逐渐减少。亦即最初的劳力和投资所得到的报酬最高,以后递增的单位劳力和投资所得到的报酬是渐次递减的。

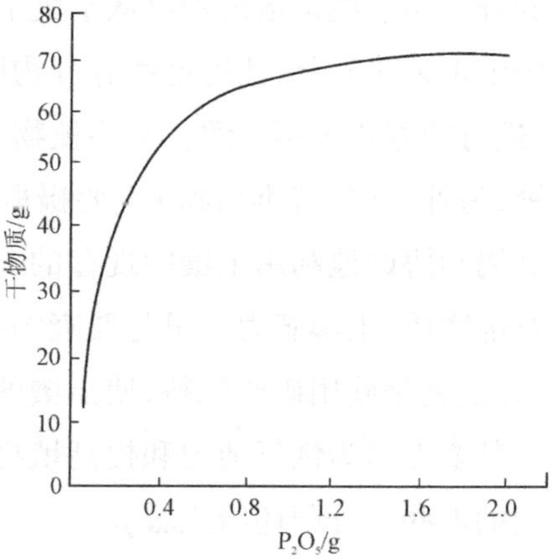

图5-5 燕麦施用磷肥的报酬递减趋势

要强调指出的是,报酬递减律是有前提的,它只反映在其他技术条件相对稳定情况下,某一限制因子(或最小养分)投入(施肥)和产出(产量)的关系。如果在生产过程中,某一技术条件有了新的改革和突破,那么原来的限制因子就让位于另一新的因子,同样,当增加的新的限制因子达到适量以后,报酬仍将出现递减趋势。充分认识报酬递减规律,在施肥实践中,就可以避免盲目性,提高利用率,发挥肥料的最大经济效益。

4. 因子综合作用律

植物产量是光照、水分、养分、温度、品种及耕作栽培措施等因子综合作用的结果,但其中必有一个起主导作用的限制因子,产量在一定程度上受该限制因子的制约。

例如,在低洼地,作物生长不好,主要是水分过多成为限制因素;作物密度过大,产量不高,限制因子是光能利用不好,在瘠薄的低产田,某种养分短缺是限制因子等。

图5-6是影响作物产量的限制因子示意图。形象地用装水木捅示意表明,盛水量(产量)受最短木板(指限制因子)的制约。

因子综合作用率律在指导施肥上,主要解决如何最好地发挥肥料增产潜力问题。例如施肥与灌溉可以极大地提高施肥的经济效益。因为作物生长同时需要养分和水分,而且水分还明显影响养分的移动和转化,另外增施肥料还能收到以肥调水和以肥节水的良好效果(见图5-7)。

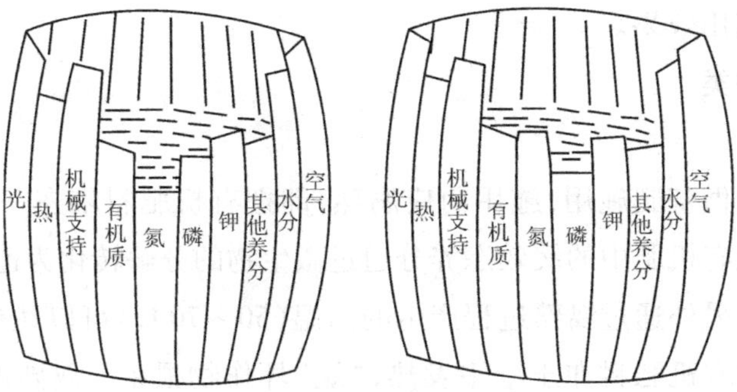

图 5-6　影响作物产量的限制因子示意图

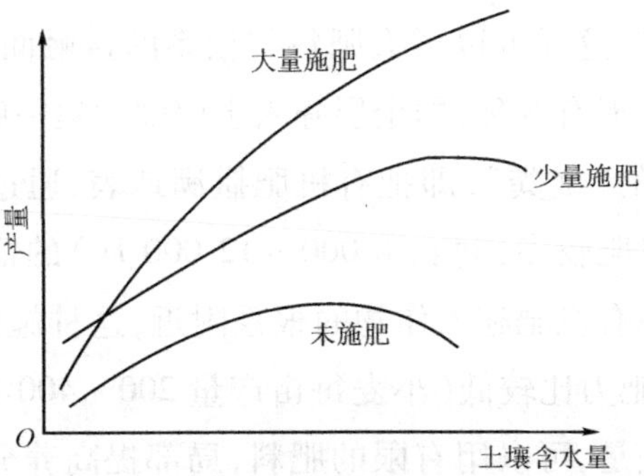

图 5-7　土壤含水量对施肥效果的影响

思考交流

1. 判断植物必需的营养元素有哪三条标推？目前确认的必需营养元素有哪十六种？

2. 简述氮的生理功能以及植物吸收过量氮素与缺乏氮素的适应能力。

3. 磷为什么能提高植物抗逆性和对外界酸碱反应变化的不良反应？

4. 作物缺钾、缺硼、缺锌、缺钼所表现的主要症状分别是怎样的？

5. 在植物的一生中，是否只考虑几个关健时期的施肥？为什么？

6. 什么是合理施？合理施肥应考虑哪二条标准？

7. 报酬递减律对指导合理施肥有何意义？目前生产上有无违反这一规律的现象？

8. 某油菜地经诊断其有效磷含量极低，请问可否施用尿素弥补？为什么？

9. 选择当地三种主要植物，确定其追肥时期、肥料种类与用量。

10. 当地农田的最小养分是什么？

三、施肥技术

作物的合理施肥应该注意施肥的时期，适当的施用基肥，再适量适时的追肥，才能够达到最好的肥料利用效果。

1. 作物肥料种类

(1)有机肥料

有机肥料一般做基肥施用,施用前应腐熟,即把有机肥料堆在一起放置一段时间。通过腐熟过程可把有机肥中的缓效态养分通过微生物的分解转化为速效态养分,提高肥料的养分有效性。另外通过腐熟过程产生的高温(50～70℃)可以达到消毒的作用。还可以防止未腐熟的有机肥料在土壤中发热,“烧”坏作物根系。腐熟的时间长短应视当时的气温高低而定,一般夏秋季节气温较高,时间可以短些,冬春气温较低,时间可以长些。一般以粪堆中出现“白毛”为宜。过早达不到腐熟目的,过晚会造成养分损失。腐熟好的有机肥应捣碎弄细,这样可以增大肥料与根系的接触面积,提高肥料利用率。有机肥做基肥的施用方法一般有两种,即全层施入土壤中和集中施入土壤中。所谓全层施入土壤中,也就是群众叫的“铺粪”,即把有机肥撒满地表,通过耕地把肥料施入全土层中。这种施肥方法在有机肥较多(每亩 8 000～12 000 斤)的情况下可以应用。集中施入土壤中就是通过开沟把有机肥施入作物的根系附近,这种施肥方法在肥料较少(每亩 3 000～6 000 斤)和土壤肥力比较低(小麦每亩产量 200～400 斤)的情况下尤其值得采用。这种施肥方法的好处是,可以用有限的肥料,局部提高养分的浓度。因为在肥力比较低的土壤中,养分含量比较低,如果施的肥料较少且均散于土壤中对土壤的养分含量提高不大,又加上这种土中作物根系也不发达,所以肥料作用不大。但通过集中施肥,把有限的肥料集中于作物根系附近,可以较大幅度地提高根系附近局部土壤的养分浓度,又加上离作物根系较近,所以肥料的增产作用较大。据试验,在肥力较低的土壤中,集中施肥比全层分散施肥可增产 10%～30%。

(2)铵态氮素化肥

铵态氮素化肥是一种速效肥料,一般可做追肥施用。由于含有铵离子遇碱易形成氨气(NH_3)挥发造成损失,故在施用上应注意不要与草木灰等碱性肥料混合,并要深施覆土。铵态氮素化肥中的有效成分不易造成流失,所以,铵态氮肥可以在水田中施用,以氯化铵最好。还可做基肥来用。施用方法一般随耕地将肥料深施土中。

(3)硝态氮素化肥

硝态氮素化肥也是一种速效肥料,其主要有效成分是硝酸根,易造成养分流失,在水田中流失尤为严重,因此,硝态氮素化肥只能做追肥,且不能在水田中施用。

(4)磷素化肥

磷素化肥的重要特点是肥料施入土壤中其有效成分易被土壤固定,且磷的移动性也较差,故在施用上可采取集中施肥、与有机肥料混合沤制后施用和根外追肥的方法,若做基肥施用,每亩用量以 80～100 斤为宜。

(5)钾素化肥

钾素化肥含钾量一般比较高,用量也比较少(10~30斤/亩)。钾肥中的有效成份钾离子能被土壤胶体所吸附,因此钾肥可以做基肥施用。

作物施肥应以有机肥为主,化肥为辅,基肥为主,追肥为辅,氮、磷、钾肥料配合。有机肥料不仅肥源广阔,施用经济,而且含有作物所需要的多种营养元素,长期施用可以改善土壤物理性状,提高土壤肥力,这是化学肥料所不能比拟的。所以在作物施肥上应本着有机肥为主,化肥为辅的原则进行施肥。据有机肥和无机肥施用比例和经济施肥方法的研究表明,在单位面积总施氮水平相同的情况下,有机肥占总施肥量的50%时,小麦亩产量为755.8斤,比对照(全用化肥)亩产559.4斤增产35.2%,有机肥占37.5%时,小麦亩产量693.6斤,比对照增产24.1%,有机肥减低到占施肥总量的25%时,每亩产量629.1斤,只比对照增产125%。试验结果还指出,随着有机肥用量的适当提高,平均每斤纯氮增产小麦的数量也相应增多。有机肥用量比例在12.5%、25%、37.5%、50%时,每斤纯氮增产小麦数量分别为4.84斤、5.16斤、6.45斤、8.0斤,收到了降低成本和提高经济效益的双重效果。

2.作物不同时期的施肥

基肥:施用基肥的目的在于创造作物生长发育所需要的良好的土壤条件,满足作物整个生长期间对养分的要求。一是培肥土壤;二是供给作物养分。在不同类型地块上,基肥对作物都有明显增产效果。据研究,以不施基肥为对照,亩产191.25千克;亩施基肥1 000~1 500千克有机肥,亩产229.65千克;亩施基肥3 300千克有机肥,亩产321.5千克。基肥多肥力好的田块作物植株粗壮,叶色浓绿,单穗粒数多、粒重。不施基肥,植株矮小,底叶有2~3片枯黄,穗粒数明显减少,产量降低。地力好的平肥地,在施肥量较高时,递增500千克有机基肥其增产幅度较山坡地小,平肥地亩施3 000千克基肥,递增500千克基肥增产15千克,亩施3 500千克基肥,递增500千克基肥增产9千克;而在坡地上则分别增产14千克和13千克。同样施肥水平则以大豆茬为好。一般情况下基肥多施用有机肥和在土壤中移动性小的化学肥料。基肥以有机肥料为主,其种类较多,包括家畜圈、堆肥、绿肥、人粪尿、土杂肥、秸秆肥等。这些有机肥料含有大量的有机物质和作物需要的多种养分,除氮、磷、钾外还有钙、镁、铁及其他微量元素,养分含量虽较低,但肥劲稳而长,在作物整个生育期间可不断供应营养物质,连续施用有机肥料,还能增加土壤有机质,培肥地力,改善土壤结构,提高土壤温度和蓄水保肥能力。此外,化学肥料也可以用作基肥,以磷、钾化肥为主。各地在作物基肥施用上,"以有机肥料为主,化学肥料为辅、有机肥料与化学肥料配合"的做法是一项有效的增产经验,应大力推广。

基肥施用量应根据土壤肥力,基肥质量以及前茬等条件来确定。基肥应结合深耕施用、集中施用以及多种肥料混合施用,结合深耕施用是指将有机肥料施在主要根系分布土层中,并使肥料处于经常湿润的土层中,做到土肥相融,起到培肥土壤和供给作物整个生育期所需养分的作用。配合有机肥作基肥施用的化肥也需要深施。原因是:一般磷钾肥在土壤中的移动性较小,其肥效首先决定于肥料与根系的接触面积;基肥用量一般较大,如果有较多的速效养分,浅施容易造成肥害。在肥力瘠薄的土壤上,可以适当浅施,以解决作物苗期营养的急需。集中施用及多种肥料混合施用:为保证作物整个生育时期内持续不断地得到所需的各种营养,基肥最好要采用多种肥料混合使用的方法。将肥效不同的肥料混合施用,可以使基肥肥效更为平稳,前期后期都有作用,例如将人粪尿与肥效较缓慢的堆肥等混合、速效化肥与有机肥配合等,可以适当浅施,以解决作物苗期营养的急需。

种肥:播种同时施用的肥料为种肥供给幼苗养分特别是满足幼苗营养临界期对养分的需要。因前期土温较低,肥料分解缓慢,不能很快发挥肥效,而且作物苗期根系较浅,吸肥力弱,施种肥可以增加播种层的养分,供幼苗吸收。一般种肥以化肥为主,也可用优质有机肥料。种肥由于离作物种子距离较近,施用不当易引起烧种、烂种、烧根等。尤其目前作物生产中的施肥往往是基肥和种肥同时施用,这样一次投入的肥料量较大,如果施用不当极易对作物的种子发芽、幼苗根系生长有损伤作用,控制用量外,要注意肥料的施放位置。种肥的施用方法除了土壤施用外,还有拌种、浸种、沾根的方法。

追肥:在作物的生长期间施用的肥料,目的是满足作物的营养的最大效益起的需要,追肥施用方法:拔节肥、穗肥、根外追肥,根外追肥主要是根据作物的需求配施叶面肥。

3. 根据土壤的养分供应能力合理施肥

土壤的养分供应能力主要看土壤的有效养分,主要体现在土壤中含有的有机质、速效磷、速效钾、全氮量、碱解氮等方面,第二次土概普查结果表明。

我国耕地的有机质的含量比较低。水田有机质的含量>3%的约占水田总面积的27.9%,1%~3%的占67.4%,<1%的占4.7%,旱地耕层有机质的含量>3%的占调查面积的17.1%,1%~3%的占51.6%,<1%的占31.2%。

水田耕层全氮量≥0.1%的占调查总面积的78.4%,<0.1%的占21.6%。旱地≥0.1%的占调查总面积的36.8%,<0.1%的占63.2%。我国土壤全氮含量的基本分布特点是,东北较高,黄淮海平原、西北高原较低,华东、华南、中南、西南地区中等,大体是南北较高,中间较低的分布,南方较高主要是指水稻土,旱地较低。

土壤有效磷水平是直接决定土壤速效磷供应能力的一项指标,也是磷肥施用最基本的依据,所谓的有效磷的丰富,这里是指土壤有效磷水平大于20 mg/kg,在这一有效磷水平时,一般作物即可从土壤本身得到充分的磷素供应,不需要磷肥。当然在寒冷地区或对于磷素需要较大的作物(马铃薯等)磷肥仍然是需要的,这一界限作为磷素“丰缺”的指标是适宜的。但是我国耕地有效磷大于20 mg/kg的面积不大,我国有相当大的土壤面积是缺磷的。

土壤交换性钾是衡量土壤钾素供应能力的主要指标,所以我国以至世界都以土壤交换性钾的水平高低来决定钾肥的施用。但是,土壤的缓效性钾在一定条件下也可被作物利用,所以对土壤钾素供应能力还应该同时考虑土壤缓效性钾的水平。不过目前仍然常用土壤交换性钾来表征土壤供钾能力。我国把土壤交换性钾大于200 mg/kg 作为钾素丰富的土壤,在这一钾素水平时,大多数的作物不需要使用钾肥。在所统计的26个省区来看,似乎没有一个省的富钾土壤超过耕地面积的75%,一般来说土壤交换性钾低于100 mg/kg,就有较大的可能缺钾,我国目前的缺钾土壤主要集中在海南、广东、广西、江西。这几省缺钾面积占耕地面积都在75%以上,其次是福建、浙江、湖南、湖北和四川,而广大的东北、西北和西藏等地区缺钾土壤所占比例小于25%。在土壤交换性钾(K)小于50 mg/kg 时,即说明土壤严重缺钾。对一切作物均需施用钾肥才能得到高产。

4. 合理施肥方法

(1)养分平衡法计算肥料用量的基本步骤

养分平衡施肥是国内外计算施肥用量中最基本最重要的方法。该法是根据作物需要肥量与土壤供肥量之差值来计算实现目标产量(计划产量)的施肥量。故又称为目标产量施肥法。养分平衡法的基本思想是土壤供应的养分满足不了作物目标产量的需要,必须用肥料给以补足,以达到养分供需之间的“平衡”。养分平衡法计算肥料用量的基本公式:

某肥料的需要量=(作用计划产量养分需要量-土壤有效养分供应量)/(肥料中养分的含量×肥料当季利用率)

作物计划产量的养分需要量=作物单位产量养分吸收量×目标产量

土壤有效养分供应量=土壤有效养分测定量×校正系数×换算系数(0.15)

由计算公式看出,采用这一方法必须有五个方面的基础研究:适宜的作物产量;作物单位产量的养分吸收量;土壤有效养分的测定值;土壤有效养分校正系数以及肥料利用率。

(2)养分平衡法计算作物肥料用量举例

按照以上工作程序,举例介绍如何利用养分平衡法计算作物肥料用量。

①根据土壤肥力高低合理地确定作物的计划产量。假设欲施肥的土壤,肥力中等,种植玉米,计划产量500 kg。

②根据作物单位产量养分吸收量,确定在计划产量指标下养分的需要量,根据当地试验或经验数据,每50 kg 干玉米籽粒约需 N:1.35 kg;P_2O_5:0.57 kg;K_2O:1.2 kg。因此,生产500 kg 玉米籽粒所需 N=1.35×500/50=13.5 kg/亩,生产500 kg 玉米籽粒所需 P_2O_5=0.57×500/50=5.7 kg/亩,生产500 kg 玉米籽粒所需 K_2O=1.2×500/50=12 kg/亩。

③计算土壤能够为作物生产提供的养分数量。假设土壤有效养分测定量为：

碱解氮:100 mg/kg;速效磷:10 mg/kg;速效钾:100 mg/kg,假设通过试验确定该土壤氮、磷、钾的利用系数分别为:0.5,0.5,0.6,根据所用肥料的养分利用率,计算肥料的施用量。氮肥品种为尿素(含氮 46%,利用率 35%);磷肥选用过磷酸钙(P_2O_5 含量 18%,利用率 20%);钾肥选用硫酸钾(K_2O 含量 50%,利用率 50%),将各参数代入公式得:

尿素的用量:[13.5-(70×0.5×0.15)]/0.46×0.35=46.58 kg/亩

磷肥的用量:[5.7-(10×0.5×0.15)]/0.18×0.20=137.5 kg/亩

钾肥的用量:[12-(100×0.6×0.15)]/0.55×0.5=10.9 kg/亩

即尿素每亩 47 kg,过磷酸钙 138 kg,硫酸钾 11 kg。

(3)养分平衡简易法

养分平衡法计算作物的肥料用量时,概念清晰,比较容易理解,但是需要土壤有效养分,校正系数,肥料的当季利用率是很难获得的,在实际生产中式不可能顺利地找出来,需要大量的实验才能得到。因此为简化工作步骤,首先以上公式的分子需要减去土壤养分的供应,而分母需要乘以肥料的利用率,可以把这两部分相互抵消,直接简化为:

某肥料的需要量=作物计划产量的养分需求量/肥料中的养分含量

如果按照这种方法计算肥料的用量的话:

尿素的用量=13.5/0.46=29.35,磷肥的用量=5.7/0.18=31.7,钾肥的用量=12/0.5=24,两组的结果比较可以看出,氮肥偏少,磷肥少的比较厉害,而钾肥偏高,这是因为磷肥的利用率比较的低,分子分母相抵消以后分母偏大的比例大于分子,造成数据变小,而钾肥的利用率比较高,简化后,分母偏大的比例小于分子,所以造成结果偏大,但是我们可以根据经验提高磷肥的用量,而降低钾肥的用量。

简易法的特点是:磷肥偏少,钾肥偏多,氮在肥力高的土壤上偏高,在肥力低的土壤上偏低。

思考交流

1. 合理施肥遵循哪些基本原则,它们的含义是什么?
2. 以养分平衡法为例,说明如何去定合理施肥的用量?
3. 合理施肥的基本原理在生产中有什么指导意义?
4. 当前在推广测土配方施肥技术时,如何进行施肥现状调查?
5. 说明如何进行测土配方施肥效果的评价。

项目六

土壤养分状况与化学肥料

【任务】

1. 掌握氮肥的分类方法；NH_4^+-氮肥的性质、氮肥的施用技术，以提高氮肥的利用率；

2. 了解土壤-植物磷素营养状况，掌握磷肥的类型，水溶磷肥的施用；

3. 了解土壤-植物钾素营养状况，掌握常用钾肥的性质和施用要点；

4. 了解微量元素硼、锌、锰、铜、钼、铁的生理功能；掌握微量元素缺乏的症状与诊断技术及其在土壤中存在的形态、转化、影响其有效性的因素，为科学、合理地施用微量元素肥料打基础；

5. 了解复合肥料的类型及优点；掌握复合肥料的主要品种，复混肥料的施用技术；

6. 了解肥料与肥料混合、肥料与农药混合的原则和注意事项；了解化肥的特性，合理进行化学肥料的运输和贮存。

【能力目标】

1. 能对当地常用的化学肥料进行识别与定性鉴定；

2. 能结合当地实际，合理施用氮肥、磷肥、钾肥、微肥及复混肥料；

3. 了解农业、林业等企业员工的工作经历和工作经验，能与有关工作人员进行有小沟通，及时了解相关知识与经验。

【任务分析】

每4~5人为一个学习组，由一人负责，统筹安排查阅资料并整理，学习组一起讨论，围绕氮肥、磷肥、钾肥的性质和施用要点制作汇报材料，期间提出存在的疑问，教师引导答疑。

【工作过程】

1. 资料查阅

学习组成员根据给定的工作任务在图书馆、互联网上搜索各种氮肥、磷肥、钾肥的性质和施用要点并整理。

2. 资料汇总，制作汇报材料

(1)将所搜集的材料按照类别进行汇总；

(2)指导学生使用相关工具，总结氮肥、磷肥、钾肥的性质和施用要点，制作完成汇报材料。

3. 汇报，交流

组织各组进行汇报，提问、交流。

任务一　土壤氮素与氮肥

一、土壤中氮素的含量、形态及其转化

(一)土壤中氮素的来源及其含量

土壤是作物氮素营养的主要来源，土壤中的氮素大部分为有机形态，只有少部分为无机形态。有机态氮必须经过矿化作用，才能转化为铵，被作物吸收利用。无机态氮包括存在于土壤溶液的硝酸根和吸附在土壤颗粒上的铵离子，作物都能直接吸收。土壤对硝酸根的吸附很弱，所以硝酸根非常容易随水流失。在还原的条件下，硝酸根可以在微生物的作用下还原为气态氮而逸出土壤，这就是反硝化脱氮。部分铵离子可能被黏土矿物固定而难以被作物吸收，在碱性土壤非常容易以氨气的形式挥发掉。在土壤腐殖质的合成过程中，也利用大量无机氮素，由于腐殖质分解很慢，这些氮素的有效性很低。

1. 来源

土壤中的氮素主要来自施入土壤中的化学氮肥和有机肥料、动植物残体的归还、微生物固氮、雨水(雷电降雨带来的 NH_4^+-N 和 NO_3^--N)和灌溉水，后二者对土壤氮贡献一般很小，施肥是耕作土壤氮素的主要来源，而自然土壤的氮素主要来自微生物固氮，也称生物固氮。具有固氮能力的微生物包括细菌、真菌和放线菌，分为共生固氮、联合固氮和自生固氮。在固氮酶的催化下，氮气被还原为氨，钼和铁是固氮酶的活化剂。

2. 含量

我国耕地土壤全氮含量为0.04% ~0.35%之间，与土壤有机质含量呈正相关。

(二)土壤中氮的形态

1. 无机态氮

土壤无机态氮很少，一般表土不超过全氮的1% ~2%。土壤无机态氮主要是铵态

氮和硝态氮及亚硝态氮。它们都是水溶性的,都能直接为植物吸收利用。

(1)硝态氮。土壤中硝态氮主要来源于施入土壤中的硝态氮肥和微生物的硝化产物。

(2)铵态氮。铵态氮为阳离子,能为土壤胶体所吸收成为交换性阳离子,但也有一部分在进入黏粒矿物晶架结构中后,被闭蓄于晶层间的孔穴内成为固定态铵。

(3)亚硝态氮。土壤中的亚硝态氮是硝化作用的中间产物。

2. 有机态氮

按其溶解度大小和水解难易分为 3 类:第一,水溶性有机氮,一般不超过全氮的 5%。它们主要是一些游离的氨基酸、胺盐及酰胺类化合物,分散在土壤溶液中,很容易水解,释放出离子,是植物速效性氮源。第二,水解性有机氮,占全氮总量的 50% ~ 70%。主要是蛋白质多肽和氨基糖等化合物。用酸碱等处理时能水解成为较简单的易溶性化合物。第三,非水解性有机态氮,占全氮的 30% ~50%。它们在一般酸碱处理下不能水解,但可在各种微生物的作用下逐渐分解矿化。水解性-缓效氮源占 50% ~70%(>98%),非水解性-难利用氮源占 30% ~50%。

(三)土壤中氮素的转化

土壤氮素形态较多,各种形态的氮素处于动态变化之中,不同形态的氮素互相转化,对于有效氮的供应强度和容量有重要意义。

1. 有机态氮的转化

土壤中的有机态氮是较复杂的有机化合物,必须要经过各种矿化过程,变为易溶的形态,才能发挥作物营养的功能。它的矿化量和矿化速率就成为决定土壤供氮能力的极其重要的因素。土壤有机氮的矿化过程是包括许多过程在内的复杂过程。

①水解过程。蛋白质在微生物分泌的蛋白质水解酶的作用下,逐步分解为各种氨基酸。

②氨化过程。氨基酸在多种微生物作用下分解成氨的过程称为氨化过程。如:

$$RCH_2OH+NH_3+CO_2+能量\xrightarrow{水解}RCHNH_2COOH+H_2O$$

$$RCHOHCOOH+NH_3+能量\xrightarrow{氧化}RCHNH_2COOH+O_2$$

$$RCOOH+NH_3+CO_2+能量\xrightarrow{还原}RCHNH_2COOH+H_2$$

由此可见,氨化作用可在多种多样条件下进行。无论水田、旱田,只要微生物活动旺盛,氨化作用都可以旺盛地进行。

氨化作用产生的铵可被植物和微生物吸收利用,是农作物的优良氮素营养。未被作物吸收利用的铵,可被土壤胶体吸收保存。但在旱地通气良好的条件下,铵态氮可进一步为微生物转化。

③硝化过程。指氨或铵盐在微生物作用下转化成硝酸态氮化合物的过程。它是由两组微生物分两步完成的。第一步铵转化成亚硝酸盐，紧接着亚硝酸盐又转化成硝酸盐，消化过程是一个氧化过程，只有在通气良好的情况下才能进行。所以水稻田在淹水期间主要为铵态氮，硝态氮很少，旱地土壤一般硝化作用速率快于氨化作用，土壤中主要为硝态氮。

硝态氮也是为植物吸收利用的优良氮源，所以可以利用土壤硝化作用强度来了解旱地土壤的供氮性能。

④反硝化作用。指土壤中硝态氮被还原为氧化氮和氮气，扩散至空气中损失的过程。反硝化作用主要由反硝化细菌引起。在通气不良的条件下，反硝化细菌可夺取硝态氮及其某些还原产物中的化合氧，使硝态氮变为氮气损失。

2. 无机态氮的转化过程

无机态氮包括硫酸铵、硝酸铵、碳酸铵、碳酸氢铵、氢氧化铵等。由于这些都属于不稳定的化合物，易氨化释放出氨，同时也遵循硝化过程和反硝化作用，在这里不再详述。但应指出，施用时，尤其在保护地的密闭环境中施用，除应注意土壤适当湿度和通透性外，还应掌握少施、勤施和深施。如施用不当，极易熏坏叶片，甚至造成全株死亡。

尿素虽属有机氮肥，但因结构简单，其转化过程与无机氮肥基本相同，因此，以尿素为例简要说明：

尿素施入土壤后，以分子状态存在，还可以分子状态被作物吸收，但数量很少。尿素分子与土壤中黏粒矿物或腐殖质上的功能团以氢健的形式相结合，在很大程度上可以避免尿素在浇水后淋溶流失。另外，尿素在土壤中可以在脲酶的作用下转化为铵态氮，供作物吸收和土壤胶体吸附。土壤中大多数细菌、放线菌、真菌都能分泌脲酶，其转变如下：

$$CO(NH_2)_2+2H_2O \xrightarrow{\text{脲酶}} (NH_4)_2CO_3$$

碳酸铵可以进一步水解产生碳酸氢铵和氢氧化铵：

$$(NH_4)_2CO_3+H_2O \longrightarrow NH_4HCO_3+NH_4OH$$

上述反应式说明，尿素同无机态氮中的碳酸铵、碳酸氢铵、氢氧化铵一样，易分解释放出氨。因此尿素施在表层易引起氮素流失(以氨气形式挥发)，形成氨害，甚至全株死亡，这种由于施用不当所引起的损失在保护地密闭环境中并不少见。所以施用尿素一定要开沟、挖穴，施在 10 cm 以下，并封土踩实，防止氨气外逸。尿素转化的快慢取决于脲酶的活性，脲酶的活性又与土壤肥力的高低、水分含量、土壤温度等因素有关。土壤肥沃、水分、温度适宜，转化就快，反之就慢，其中尤以温度的影响更为明显。在一般用量和施肥深度下，土壤温度为10℃时，需 7 ~ 10 天；20℃时 4 ~ 5 天；30℃时 2 ~ 3 天就能完全转化为铵态氮，供根系吸收和土壤胶粒上离子之间吸附交换减少流失。尿素转化后在土壤中不残留其他物质，既不酸化土壤，也不碱化土壤。但施肥时间要较其他化学氮肥稍早几天。

（四）土壤的供氮能力及氮的有效性

有效氮指能被当季作物利用的氮素，包括水溶性铵盐、硝酸盐、代换性铵和部分易分解的有机态氮。旱地土壤用全氮、碱解氮和硝态氮反应土壤的供氮能力。

土壤氮素的供应能力是土壤对作物（以一季计）供应氮素的数量和动态过程。土壤对作物所供应的氮的总量决定于土壤起始速效氮量，以及在作物整个生长过程中土壤氮素的释放量。土壤中硝酸态氮和交换性铵态氮的积累量，与前季作物的氮肥和有机肥的施用量等有密切的关系。在正常施肥的情况下，土壤的起始速效氮量是很低的。

土壤氮量的释放指作物生长期间土壤有机态氮的矿化量和黏土矿物固定态铵的释放量。由于土壤“固有的”黏土矿物固定态铵的有效性一般很低，作物生长期间土壤氮素的释放量主要决定于在此期间土壤有机态氮的矿化量，矿化量的多少又决定于土壤有机态氮的含量和生物分解性的大小，以及作物的生长期的长短和在此期间土壤的水热状况，因此，同一土壤对不同作物的供氮量，主要决定于该作物生长期的长短，以及生长期间的气温和降水（或灌溉）等状况。

土壤供氮量在实际测定时，一般是从田间试验中无氮区（不施氮肥和有机肥）作物在成熟时地上部分累积的氮中，扣除种子或秧苗带入的氮后计得的。但这种计算方法将一些非土壤来源的氮量也作为土壤供氮量看待了，因而测得的结果将不同程度的高于土壤的实际供氮量。这些非土壤来源的氮包括在作物（不包括豆科作物）生长期间进行的自生固氮作用提供的氮量，降水和灌溉水带入的氮量等。但是，另一方面，由于未计入根中的氮量而使测得的结果又低于实际的供氮量。对我国的统计结果表明，土壤对水稻、小麦和大麦等作物的供氮量一般为50～100千克/公顷。对太湖地区水稻土供氮能力的研究表明，同一土壤对生长期长的单季晚稻的供氮量多于生长期短的双季早稻或双季晚稻。对于冬小麦，其生长期虽然很长，但因在此期间的气温较低，土壤的供氮量并不多，土壤氮素供应动态过程是作物（以一季计）生长过程中，土壤对作物供应的氮量随时间的变化过程。当土壤中起始速效氮量很少时，土壤的供氮过程主要决定于在此期间土壤有机态氮的矿化过程。对同一土层来说，它主要决定于土壤水热状况的变化。

二、化学氮肥的种类、性质和施用方法

（一）铵态氮肥

包括：液氨、氨水、碳酸氢铵、氯化铵、硫酸铵。

1. 共同特性（均含 NH_4^+）

①易溶于水，易被作物吸收；

②易被土壤胶体吸附和固定；

③可发生硝化作用；

④碱性环境中氨易挥发；

⑤高浓度对作物，尤其是幼苗易产生毒害；

⑥对钙、镁、钾等的吸收有一定抑制作用。

2. 理化性质（见表 6－1）

表 6－1　铵态氮肥的基本性质

品种	分子式	含氮量（%）	稳定性	理化性质
液氨	NH_3	82	差	液体，碱性，易挥发
氨水	$NH_3 \cdot nH_2O$	15～18	差	液体，碱性，易挥发
碳铵	NH_4HCO_3	16.5～17.5	较差	结晶，碱性，易吸湿和分解
氯化铵	NH_4Cl	24～25	较好	结晶，酸性，有吸湿性
硫铵	$(NH_4)_2SO_4$	20～21	好	结晶，酸性，吸湿性弱

碳酸氢铵：含氮 17.7%，无色或白色，常温条件下易分解，可添加表面活性剂增大碳铵颗粒，无酸根残留，长期施用不影响土质，是最安全的氮肥品种之一。通过压粒或添加磷酸铵和氯化镁，可以生产磷酸镁铵，可长期存放不结块，肥效高于普通碳铵，也可以作为三元复合肥原料。施用要遵循不离土不离水和先肥土、后肥苗的施肥原则，即把碳铵深施入土，使其不离水土，被土粒吸持并不断对作物供肥。作基肥的铺底深施，作追肥的沟施和穴施，同时忌叶面喷施，易烧伤叶片，忌干土施肥，高温施肥，忌与草木灰、石灰等碱性肥料混施，忌与菌肥混用，忌与过磷酸钙混合后过夜使用，忌与尿素混施，忌与农药混放，忌作种肥使用，忌表土施用。

硫酸铵：含氮率 20%～21%，含硫 25.6% 无色结晶或白色颗粒，杂色说明含有杂质，无气味，稳定，生理性酸性肥料，肥效快，适用于一般土壤和作物。可作基肥、追肥和种肥，深施保肥有利于作物吸收。追肥可沟施和穴施。作种肥控制用量，防治烧种。在土壤中硫酸根与碳酸钙易产生硫酸钙，长期使用可导致土壤板结。在还原性强的土壤中，硫酸根可还原为硫化氢特别是作物生长后期易使老根中毒。

氯化铵：含氮率 24%～25%，无色或白色结晶性粉末，无臭，吸湿性强，易结块，易溶，生理性酸性肥料，肥效迅速，作用机理与硫酸铵相似，氯根可抑制硝化作用，对作物矿物质吸收有促进，但氯根离子易生成盐酸，在中性或石灰性土壤中与土壤胶体产生氯化钙，造成土壤胶体品质下降。可作基肥、追肥，不能用作种肥。适用于小麦、水稻、玉米、油菜等作物，尤其对棉麻类作物有增强纤维韧性和拉力并提高品质之功效。在水田施用效果比硫酸铵更好，不能与碱性化肥一同施用，最好不要在盐渍土中施用。此外，对于烟草、甘蔗、马铃薯、亚麻、茶、甘薯等忌氯作物不可大量施用。

(二)硝-铵态和硝态氮肥

养分标明量为硝酸盐形态的氮肥为硝态氮肥。如硝酸钠、硝酸钙、硝酸钾等。养分标明量为硝酸盐和铵盐形态的氮肥称为硝铵态氮肥，如硝酸铵。

(1)共同特性(均含有 NO_3^-)

①易溶于水，速效，吸湿性强，易结块；②硝酸根离子不能被土壤胶体吸附，在土壤溶液中易随水移动；③在土壤中，硝酸根可经反硝化作用转化为游离的分子态氮(氮气)和多种氧化氮气体(NO、N_2O 等)而丧失肥效；④多数硝态氮肥吸湿性大，能助燃或本身就易燃易爆，在贮运过程中应注意安全；⑤硝态氮含氮量均较低。

(2)理化性质与施用如表 6-2 所示(除了具备以上的共性外)

表 6-2 硝-铵态和硝态氮肥的基本性质和施用

品种	分子式	含氮量(%)	性质	施用
硝酸铵	NH_4NO_3	34~35	白色结晶，生理酸性盐	旱地追肥
硝酸钠	$NaNO_3$	15~16	生理碱性盐	少量多次
硝酸钙	$CaNO_3$	12.6~15	吸湿性	水培营养液氮源
硝酸钾	KNO_3	14	助燃性	

①硝酸铵。硝酸铵肥料简称为硝铵，其有效成分分子式为 NH_4NO_3，硝铵是当前世界上的一个主要氮肥品种。二次世界大战后硝铵在原苏联和欧美各国发展较快，在氮肥中所占比例较高。我国从 20 世纪 50 年代起在东北、华北和西北地区先后建立了几十个硝铵厂。工业上生产硝铵是将合成氨在高温、高压及铂催化条件下生成硝酸，再由硝酸吸收铵生成硝铵。硝铵肥料含氮率为 33%~35%。目前生产的硝铵主要有两种，一种是结晶的白色细粒，另一种是白色或浅黄色颗粒。细粒状的硝铵吸湿性很强，徐徐干燥时，容易结成硬块，空气湿度大的季节会潮解变成液体，湿度变化剧烈和无遮盖贮存时，硝铵体积可以增大，以致使包装破裂，贮存时应注意防潮。颗粒硝铵如表面附有诸如矿质油、石蜡、磷灰土粉等防湿剂，吸湿性较小，可以在纸袋中保存，但也应注意防潮。

硝铵肥料施入土壤后，很快溶解于土壤溶液中，并电离为移动性较小的铵离子和移动性很大的硝酸根离子。由于二者均能被作物较好地吸收利用，因此硝铵是一种在土壤中不残留任何成分的氮肥，属于生理中性肥料。由于硝酸根较大的移动性，除特殊情况外，一般不将硝铵作基肥和雨季追肥施用。硝酸铵作旱地追肥效果较好。硝酸铵适用于各类土壤和各种作物,但不宜于水田。

硝铵不宜作种肥,因为其吸湿溶解后盐渍危害严重,影响种子发芽及幼苗生长。

出于贮运与施用安全的考虑,以及硝态氮的水解及食物污染问题,有些国家明确控制硝态氮肥的施用范围与数量。

硝铵的改性是改善其吸湿性和防止燃爆危险的重要途径。最重要的硝铵改性氮肥是硝酸铵钙和硫硝酸铵。硝酸铵钙又名石灰硝铵,其主要成分 NH_4NO_3、$CaCO_3$,含氮率约 20%,其加工方法是将硝铵与碳酸钙混合共熔而成。硫硝酸铵则由硝铵(74%左右)与硫铵(26%左右)混合共熔而成;或由硝硫酸混合后吸收氨,结晶、干燥成粒而成。

②硝酸钠。硝酸钠又名智利硝石,因盛产于智利而闻名。除天然矿藏外,硝酸钠也可利用硝酸进行加工生产。其有效成分分子式为 $NaNO_3$。

硝酸钠含氮量为 15%~16%,商品呈白色或浅色结晶,易溶于水,10℃时溶解度为 96g/100g,20℃临界吸湿点为相对湿度 74.7%,比硝铵稳定。国外长期将硝酸钠施用于烟草、棉花等旱作物上,肥效较好。对一些喜钠作物,如甜菜、菠菜等肥效常高于其他氮肥。

③硝酸钙。硝酸钙常由碳酸钙与硝酸反应生成,也是某些工业流程(如冷冻法生产硝酸磷肥)的副产品。其有效成分分子式为 $Ca(NO_3)_2$。

硝酸钙纯品为白色细结晶,肥料级硝酸钙为灰色或淡黄色颗粒。其含氮率为 13%~15%。硝酸钙肥料极易吸湿,20℃时临界吸湿点为相对湿度的 54.8%,很容易在空气中潮解自溶,贮运中应注意密封。硝酸钙易溶于水,水溶液呈酸性。硝酸钙在作物吸收过程中表现出较弱的碱性,但由于含有充足的钙离子并不致引起副作用,故适用于多种土壤和作物。含有 19% 的水溶性钙对蔬菜、果树、花生、烟草等作物尤其适宜。

(三)酰铵态氮肥——尿素

1. 理化性质

分子式:$CO(NH_2)_2$,含氮量:46%

基本性质:有机物,纯品为白色针状结晶,肥料为颗粒状;易溶于水,呈中性,肥料中的氮以酰胺基形式存在的,或在分解过程中产生酰胺基,如尿素、石灰氮等。它们所含的酰胺态氮,一般需经过土壤微生物的作用,转为铵态氮之后,再供作物吸收。

2. 施用

尿素是人工合成的第一个有机物,但它广泛存在于自然界中,如新鲜人粪中含尿素 0.4%。尿素作为氮肥始于 20 世纪初,20 世纪 50 年代以后,由于尿素含氮量高,用途广,以及工业生产流程的不断改进,尿素生产在世界各国发展很快。我国于 20 世纪 60 年代开始建立中型尿素厂。1973 年后,随着年产 30 万吨合成氨的大型尿素厂陆续兴建,我国成为世界上重要的尿素生产国。尿素已成为我国氮肥生产中最重要的品种之一。尿素肥料的有效成分分子式为 $CO(NH_2)_2$，化学上又称之为脲。

尿素肥料的含氮率为 45%～46%，普通尿素为白色结晶，呈针状或棱柱状晶体，吸湿性强，目前生产的尿素肥料多为颗粒状，并加用防湿剂制成一种半透明颗粒。在气温为 20℃以下时，吸湿性较弱。随着气温升高，其吸湿性明显增强。尿素 20℃时临界吸湿点为相对湿度的 80%，但至 30℃时，临界吸湿点降至 72.5%，因此，要避免在盛夏潮湿气候下敞开存放。此外，尿素与其他肥料混合时会明显降低吸湿点。30℃时与硫铵混合，可降至相对湿度的 56.4%，与氯化钾混合可降至 60.3%，与硝铵混合可降至 18.1%，尿素肥料与其他肥料掺混时应特别注意这一问题。大粒尿素的生产与试用实践表明，这种尿素能较好地防止吸湿和延长肥效。

尿素易溶于水，20℃时的溶解度为 105 g/100 g，比硫铵高出一倍。尿素为中性有机分子，在水解转化前不带电荷，不易被土粒吸附，故很易随水移动和流失。尿素一经施入土壤，在脲酶催化作用下即开始水解。脲酶由多种土壤微生物所分泌，也广泛存在于多种植物体内。脲酶数量及其活性常与土壤有机质含量高低有密切关系。表土中脲酶比心土和底土中多。尿素水解的反应式为：

$$CO(NH_2)_2+H_2O \rightarrow (NH_4)_2CO_3$$

$$(NH_4)_2CO_3 \rightarrow NH_3\uparrow+H_2O+CO_2\uparrow$$

尿素水解速度与土壤酸度、温度、湿度以及土壤类型、熟化程度及施肥方式等有关。湿度适宜时，气温越高水解速率越大。一般来说，当气温为 10℃左右时，全部水解约需 1～2 周，20℃时约 4～5 天，30℃时约 1～3 天。

作物根系可以直接吸收尿素分子，但数量不大。施入土壤的尿素主要以水解后形成的铵和硝化后的硝态氮形态被吸收。因而，尿素施入土壤后表现出的许多农化性质与碳铵相类似。

尿素水解后由于生成了氨气，氨挥发损失成为氮素损失的重要途径。国内外的研究结果表明，若将尿素撒施于水田表面，由于水解后产生氨，稻田水层的 pH 值明显上升（有时可达到 9.0 以上），加上水层中藻类快速生长大量利用二氧化碳，使水中的氢氧根难以与二氧化碳结合，氨挥发可能会进一步加剧。因此，尿素即便是用于酸性土壤水田，同样也存在氨挥发问题。尿素用于水田后的氨挥发损失可占施入氮量的百分之几到百分之五十以上，大都在 10%～30%，约占水田氮损失总量的 50%～80%。尿素用于旱地的氨挥发损失主要发生于 pH>7.5 的石灰性或碱性土壤上，损失量可占施入氮量的 12%～60%。

尿素可用作基肥和追肥。因其供应养分快、养分含量高、物理性状好，尤其适合于作追肥施用，有条件时，追肥同样要强调深施，至少要保证能以水带肥，以减少肥料损失数量。尿素以中性反应的分子态溶于水，水溶液离子强度较小，直接接触作物茎叶不易发生危害；尿素分子体积小，易透过细胞膜进入细胞，有利于作物吸收、运输；尿素进入叶内，引起细胞质壁分离的情况很少，即使发生，也容易恢复。由于尿素的这些特点，使其作为根外追肥特别合适。尿素作根外追肥时的浓度一般为0.5% ~2.0%，因不同作物而异（见表6-3）。

表6-3　不同作物追肥尿素浓度

作物种类	建议喷施浓度（%）
稻、麦、禾本科牧草	2.0
黄瓜	1.0~1.5
萝卜、白菜、菠菜、甘蓝	1.0
西瓜、茄子、甘薯、花生、柑桔	0.4~0.8
桑、茶、苹果、梨、葡萄	0.5
柿子、番茄、草莓、温室黄瓜及茄子、花生	0.2~0.3

根外追施尿素肥料宜在早晨或傍晚，喷施液量取决于植株大小、叶片状况等。一般隔7~10天喷一次，共喷2~3次。作根外追施的尿素肥料的缩二脲含量一般不得超过0.5%，尤其是幼苗期作物对其较敏感，受缩二脲危害的叶片叶绿素合成障碍，叶片上出现失绿、黄化甚至白化的斑块或条纹。

三、土壤施肥

施肥必须考虑土壤，这是因为，第一，只有在土壤对某一养分供应不足时，才需要施肥，并不需要把所有的必需元素施入土壤，因为大多数营养元素，土壤（或大气）已能充分供应，否则会造成浪费，甚至造成作物中毒，这一点有时易被忽视。第二，肥料施入土壤后会发生一系列变化，会在不同程度上影响肥料效果，不考虑土壤，也就谈不上真正的合理施肥。如在水田中施用硝态氮肥，必然会降低肥效等。

1. 营养环境

作物的土壤营养环境包括物理环境、化学环境和养分环境。

土壤物理环境首先影响作物的水分和空气供应，也直接影响养分的供应和保蓄。土壤是由大小不同的颗粒组成，这些颗粒构成了土体的三相，即固相、液相和气相。一般肥沃土壤的固相占整个土壤体积的一半以上，另外不到一半的体积，充满水分和空气。土壤孔隙不仅承担着作物水分、空气的供应，本身也对作物生长有重要作用，同时也直接影响养分在土壤中的扩散。土壤黏粒、土壤有机质和土壤酸度是影响土壤化学环境的重要因素。土壤养分即使在施肥的情况下也对植物生长起着重要的作用。据估计，在一般施肥情况下，中等产量水平时，植物吸收的氮中有30%～60%、磷中50%～70%、钾中40%～60%是来自土壤，可见土壤养分环境对作物营养的重要作用。

2.我国概况

(1)氮

我国土壤耕层中的全氮含量大概变动在0.05%～0.25%。其中东北地区的黑土是我国土壤平均含氮量最高的土壤，一般为0.15%～0.35%。而西北黄土高原和华北平原的土壤含氮量较低，一般为0.05%～0.1%。华中华南地区，土壤全氮含量有较大的变幅，一般为0.04%～0.18%。在条件基本相近的情况下，水田的含氮量往往高于旱地土壤。我国绝大部分土壤施用氮肥都有一定的增产效果。

(2)磷

磷是农业上仅次于氮的一个重要土壤养分。土壤中大部分磷都是无机状态(50%～70%)，只有30%～50%是以有机磷形态存在的。

我国北方土壤中的无机磷主要是磷酸钙盐，而南方主要是磷酸铁、铝盐类。其中有相当大的部分是被氧化铁胶膜包裹起来的磷酸铁铝，称为闭蓄态磷。

我国土壤全磷含量变动在0.02%～0.11%，其中北方土壤的全磷含量，一般比南方土壤高，我国土壤的全磷含量大体上从南向北有增加的趋势。如东北地区的黑土、白浆土全磷含量一般为0.06%～0.15%，而我国南方的红壤和砖红壤全磷含量一般为0.01%～0.03%。

土壤全磷含量的高低，通常不能直接表明土壤供应磷素能力的高低，它是一个潜在的肥力指标，但是当土壤全磷含量低于0.03%时，土壤往往缺磷。在土壤全磷中，只有很少一部分是对当季作物有效的，称为土壤有效性磷。

随着产量的提高，我国土壤缺磷面积不断扩大，原来那些对磷肥效果不明显的地区表现了严重的缺磷现象，如广大的黄淮海平原，西北黄土高原以至新疆等地都大面积缺磷。而原来缺磷的地区，由于长期施磷，磷肥效果下降，这主要是指华中、华南某些缺磷水稻土。在华中华南中高产水稻土上，随着有机肥的施入，磷已可满足作物需要，而大面积的酸性旱地土壤以及部分低产水田，缺磷仍然是相当严重的。

(3)钾

土壤中钾全部以无机形态存在，而且其数量远远高于氮和磷。我国土壤的全钾含量也大体上是南方较低，北方较高。南方的砖红壤，土壤全钾含量平均只有0.4%左右，华中、华东的红壤则平均为0.9%，而我国北方包括华北平原、西北黄土高原以至东北黑土地区，土壤全钾量一般都在1.7%左右。因此，缺钾主要在南方，北方也已开始出现缺钾现象。

土壤中的微量元素大部分是以硅酸盐、氧化物、硫化物、碳酸盐等无机盐形态存在。

在土壤溶液中也有一部分微量元素以有机络合态存在。通常把水溶液或交换态的微量元素看作是对作物有效的。土壤中微量元素供应不足的一个原因是土壤本身含量过低，另一种原因是含量并不低，甚至很高，但是由于土壤条件(主要是土壤酸碱度和氧化还原条件)造成有效性降低而供应不足。在前一种条件下，需要靠补施微量元素肥料，后一种情况下，有时只需改变土壤条件，增加土壤微量元素的有效性，就可增加供应水平。

四、施肥对土壤养分的影响

1. 增加土壤养分

无论施用有机肥料或无机肥料都能增加土壤养分。无机肥料大多易于溶解，施用后除部分为土壤吸收保蓄外，作物可以立即吸收。而有机肥料，除少量养分可供作物直接吸收外，大多数须经微生物分解，作物方能利用。在分解过程中，会产生二氧化碳以及各种有机酸和无机酸。二氧化碳除被植物吸收外，溶解在土壤水分中形成的碳酸和其他各种有机酸、无机酸都有促进土壤中某些难溶性矿质养分溶解的作用，从而增加土壤中有效养分的含量。有些肥料(如石灰、石膏)除直接增加土壤养分，还能通过调节土壤反应，提高土壤中有效养分的含量。

2. 改善土壤结构

施用有机肥料和含钙质多的肥料，除了能增加土壤养分外，还能促进土壤团粒结构的形成。因为有机肥料在土中微生物的作用下，进行矿化作用增加土中有效养分，同时，增加土壤腐殖质含量。腐殖质在土中遇到钙离子就会和土粒凝聚在一起形成水稳定性团粒结构。改善黏土的坚实板结以及砂土的跑水漏肥等不良性状，提高土壤肥力。

3. 改善土壤的水热状况

一般有机质都有吸水和保水的能力，特别象腐殖质这一类亲水胶体，保水能力更强。土壤中的腐殖质和黏土结合形成团粒，在团粒内部有许多毛管孔隙，也能保存很多的水分，能被植物利用。由于腐殖质是综黑色的物质，土壤中腐殖质含量多，土壤颜色较深，可增加吸收日光热能，有利于提高土温。同时阳光可以杀灭土壤里的有害菌，保留其腐化物的营养成分，保水能力也强，有利于作物生长。

4. 增加生理活性物质

增施有机肥能促进微生物的活动。由于微生物活动的结果，除了增加土壤中的矿物质营养和腐殖质以外，通过合理的阳光照射，还能产生多种维生素、抗生素、生长素等，具有促进根系发育，刺激作物生长，增强抗病能力的作用。

五、土壤生态

土壤是岩石圈表面的疏松表层，是陆生植物生活的基质和陆生动物生活的基底。土壤不仅为植物提供必需的营养和水分,而且也是土壤动物赖以生存的栖息场所。土壤的形成从开始就与生物的活动密不可分,所以土壤中总是含有多种多样的生物,如细菌、真菌、放线菌、藻类、原生动物、轮虫、线虫、蚯蚓、软体动物和各种节肢动物等,少数高等动物(如鼹鼠等)终生都生活在土壤中。据统计,在一小勺土壤里就含有亿万个细菌,25 g森林腐植土中所包含的霉菌如果一个一个排列起来,其长度可达11 km。可见,土壤是生物和非生物环境的一个极为复杂的复合体,土壤的概念总是包括生活在土壤里的大量生物,生物的活动促进了土壤的形成,而众多类型的生物又生活在土壤之中。所以土壤被称为世界上最重要的能源,生活在地球上所有的陆生生物和一部分海洋生物都直接或间接地被土壤所影响着。

土壤无论对植物来说还是对土壤动物来说都是重要的生态因子。植物的根系与土壤有着极大的接触面,在植物和土壤之间进行着频繁的物质交换,彼此有着强烈影响,因此通过控制土壤因素就可影响植物的生长和产量。对动物来说,土壤是比大气环境更为稳定的生活环境,其温度和湿度的变化幅度要小得多,因此土壤常常成为动物的极好隐蔽所,在土壤中可以躲避高温、干燥、大风和阳光直射。由于在土壤中运动要比大气中和水中困难得多,所以除了少数动物(如蚯蚓、鼹鼠、竹鼠和穿山甲)能在土壤中掘穴居住外,大多数土壤动物都只能利用枯枝落叶层中的孔隙和土壤颗粒间的空隙作为自己的生存空间。

土壤是所有陆地生态系统的基底或基础,土壤中的生物活动不仅影响着土壤本身,而且也影响着土壤上面的生物群落。生态系统中的很多重要过程都是在土壤中进行的,特别是分解和固氮过程。生物遗体只有通过分解过程才能转化为腐殖质和矿化为可被植物再利用的营养物质,而固氮过程则是土壤氮肥的主要来源。这两个过程都是整个生物圈物质循环所不可缺少的过程。

任务二 土壤碱解氮含量的测定

一、目的要求

土壤碱解氮包括无机态氮和部分有机质中易分解的、比较简单的有机态氮,它是铵态氮、硝态氮、氨基酸、酰胺和易水解的蛋白质的总和。它能反映出土壤近期内氮素供应情况,所以又称为土壤有效氮。测定土壤碱解氮的含量对了解土壤的供氮能力,指导合理施肥具有一定意义。

通过实验,了解其测定原理,掌握其测定方法和基本操作技能,并能比较准确地测定出土壤碱解氮的含量。

二、方法原理

扩散皿中,用1.2 mol/L NaOH(水田)或1.8 mol/L NaOH(旱土)处理土壤,使易水解态氮(潜在有效氮)碱解转化为NH_3,NH_3扩散后为H_2BO_3所吸收,再用标准酸溶液滴定,计算出土壤中碱解氮的含量。

水田土壤中硝态氮极少,不需加硫酸亚铁粉,用1.2 mol/L NaOH碱解即可。但测定旱地土壤中碱解氮含量时,必须加硫酸亚铁,使硝态氮还原为铵态氮。同时,由于硫酸亚铁本身能中和部分NaOH,因此不需用1.8 mol/L NaOH。

三、主要仪器

扩散皿、半微量滴定管、恒温箱、毛玻璃、橡皮筋、2 mL吸管、分析天平(0.001 g)。

四、试剂配制

① 2%硼酸溶液。称取20 g硼酸,用约60℃的热蒸馏水溶解,冷却后稀释至1 000 mL,最后用稀盐酸或氢氧化钠调节pH至4.5(滴加定氮混合指示剂显淡红色)。

② 定氮混合指示剂。分别称取0.1 g甲基红和0.5 g溴甲酚绿指示剂,放入玛瑙研缸中,并加95%酒精100 mL研磨溶解,然后用稀盐酸或稀氢氧化钠调节pH至4.5。

③ 1.2 mol/L NaOH。称取化学纯NaOH 48.0 g溶于蒸馏水中,冷却后稀释至1 L。

④ 1.8 mol/L NaOH。称取化学纯NaOH 72.0 g溶于蒸馏水中,冷却后稀释至1 L。

⑤ 硫酸亚铁粉。将$FeSO_4 \cdot 7H_2O$(三级)磨细,装入密闭瓶中,存于阴凉处。

⑥ 特质胶水。阿拉伯胶水溶液(称取10 g粉状阿拉伯胶,溶于15 mL蒸馏水中)10份,甘油10份,饱和碳酸钾5份,混合即成(最好放在盛有浓硫酸的干燥器中,以除去氨)。

⑦ 0.01 mol/L盐酸标准溶液。取密度为1.19 kg/L的浓盐酸8.5~9 mL加水至1 000 mL,然后用蒸馏水稀释10倍,用标注碱或硼砂标定其浓度。

五、操作步骤

①称取通过0.25 mm筛孔的风干土样2.00 g,硫酸亚铁粉1 g混合均匀,置于洁净的扩散皿外室,轻轻旋转扩散皿,使风干土样均匀铺平。

②在扩散皿内室加入2%硼酸溶液2 mL,并滴加定氮混合指示剂1滴(溶液显微红色)。

③在扩散皿外沿涂上特质胶水,盖上毛玻璃,旋转数次,使周边与毛玻璃完全黏合。

④慢慢推开玻璃一边,使扩散皿外室露出一条狭缝,迅速加入10 mL 1.2 mol/L

NaOH(水田)或1.8 mol/L NaOH(旱土)溶液,立即盖上毛玻璃,水平轻轻旋转扩散皿,使碱液与土壤充分混匀。

⑤用橡皮筋固定毛玻璃,随后放入40℃恒温箱中,碱液扩散24 h后取出(可以观察到内室溶液为蓝色)。

⑥以0.010 0 mol/L标准盐酸溶液滴定扩散皿内室溶液,溶液由蓝变为微红时即为终点。记下标准盐酸溶液消耗的体积,在样品测定同时作空白试验。

六、结果计算

$$土壤碱解氮(mg/kg)=\frac{c(V-V_0)\times 14\times 1\ 000}{W}$$

式中:V_0——空白试验消耗的盐酸的体积(mL);

V——样液消耗的盐酸的体积(mL);

14——1 mol氮的克数;

1 000——换算成1kg样品中氮的毫克数;

W——烘干样品重,可以用风干样品重乘以水分系数。

七、注意事项

①扩散皿内室加2%硼酸,并滴加1滴定氮混合指示剂后,溶液必须显微红色,否则需重做。

②特质胶水碱性很强,在涂胶水和洗涤扩散皿时,必须特别小心,谨防污染内室,造成错误。

③滴定时要用干净玻璃棒小心搅动吸收液,切不可摇动扩散皿。

④扩散皿外室加入碱液后,操作必须小心,谨防碱液溅入内室。

土壤碱解氮含量等级参考指标如表6-4所示:

表6-4 土壤碱解氮含量等级参考指标

等级	丰富	中等	缺
有效氮的含量(mg/kg)	>100	45~100	<45

交流研讨

1. 碱解扩散法测定的土壤碱解氮包括哪些形态的氮?

2. 碱解扩散法测定的不同土壤碱解氮含量时,所用碱的浓度有何不同?为什么?

任务三　土壤磷素与磷肥

本章主要讲授磷的生理功能，氮缺乏与过量的不良影响；各类磷肥的性质、施入土壤后的转化和有效施用技术；使学生掌握氮肥的合理分配和施用技术，学会如何最大限度地发挥有限磷肥的增产效益。

一、植物磷营养

（一）植物体内磷含量与分布

1. 磷含量

占干物质重（P_2O_5）0.2% ~1.1% ，其中，有机态 85%（核酸、磷脂），无机态 15%（磷酸盐）。磷在植物体中的含量仅次于氮和钾，一般在种子中含量较高。磷对植物营养有重要的作用。植物体内几乎许多重要的有机化合物都含有磷。作物某一部位的无机磷含量，可作为诊断磷营养的指标。

2. 分布及作用

集中在幼芽和根尖，再利用能力强达 80% 以上。磷在植物体内参与光合作用、呼吸作用、能量储存和传递、细胞分裂、细胞增大和其他一些过程。磷能促进早期根系的形成和生长，提高植物适应外界环境条件的能力，有助于植物耐过冬天的严寒。磷能提高许多水果、蔬菜和粮食作物的品质。磷有助于增强一些植物的抗病性。磷有促熟作用，对收获和作物品质是重要的。根据磷的作用可以判断其分布在植物体内代谢旺盛的部位，比如幼嫩根茎叶，花和幼嫩种子中等。细胞中活动旺盛的细胞器中有大量分布，像叶绿体、线粒体中都有分布。

3. 影响因素

①作物种类。喜磷作物高于一般作物，油菜种子（P_2O_5）1.1% ，水稻 0.6% 。

②生育期。一般生育前期高于生育期。

③组织器官。繁殖器官、幼嫩器官高于衰老器官。

④环境条件与供磷水平。高磷土壤 > 低磷土壤。

（二）磷的生理作用

（1）磷是植物体内重要化合物的组分 ，核酸和核蛋白、磷脂、植素、ATP 、辅酶等都含有磷。

(2)磷能加强光合作用和碳水化合物的合成与运转。

(3)促进氮素代谢。

①促进蛋白质合成;

②利于体内硝酸的还原和利用;

③增强豆科作物的固氮量。

(4)促进脂肪代谢。

(5)提高作物对外界环境的适应性。

①提高作物抗寒、抗旱、抗病虫害的能力;

②增强作物对酸碱的适应能力。

(三)植物对磷的吸收

1. 吸收形态

①主要是正磷酸盐：$H_2PO_4^- > HPO_4^{2-} > PO_4^{3-}$。

②偏磷酸盐(PO_3^-)、焦磷酸盐($P_2O_7^{4-}$):偏磷酸盐和焦磷酸盐在植物体内能很快水解转化为正磷酸盐然后被植物同化,参与新陈代谢。亚磷酸盐（H_3PO_3）和次磷酸盐（H_3PO_2）不易同化,不宜作磷源。

③少量的有机磷化合物。

2. 吸收机理

磷是矿质元素,吸收的动力是蒸腾作用。磷是一种无机盐,无机盐是与水一起进入植物体内的,植物的吸收是靠根尖成熟区吸收的。当植物体外的无机盐的浓度大于植物的成熟区细胞的细胞液的浓度时,植物体就会从外界吸收无机盐。吸收部位为根毛区,为细胞膜的主动运输,H^+ 与 $H_2PO_4^-$ 共运,需要消耗 ATP。主动运输是逆浓度阶梯运输的,由于磷离子较大,要靠细胞膜上蛋白质消耗能量来运输。磷是植物生长发育所必需的大量营养元素,植物磷营养高效利用通常与根形态、根分泌物、膜与体内磷转运以及菌根等因素有关,表现为受多基因控制。随着分子生物学技术的发展和研究的不断深入,对植物磷吸收的研究也深入到了分子水平。

3. 影响因素

植物吸收磷受很多因素的影响,其中有植物生物学特性和环境条件两个方面。具体来说,第一,作物特性,不同植物种类,甚至不同的栽培品种,对磷的吸收都有明显的影响。第二,土壤供磷状况,植物能利用的磷主要是土壤中的无机磷。虽然植物可吸收少量有机态磷,但通常有机磷必须转化为无机磷后才能被大量吸收。因此,土壤中磷的形态直接影响着土壤供磷状况及植物对磷的吸收。第三,菌根,菌根能增加植物吸磷的能力。通过菌根的菌丝以扩大根系吸收面积，并能缩短根吸收养分的距离，从而提高土壤磷的空间有效性；菌根的分泌物也能促进难溶性磷的溶解度。第四，环境因素，温度升高有利于磷的吸收。增加水分也有利于土壤溶液中磷的扩散，因此能提高磷的有效性。第五，养分的相互关系，磷与氮在植物的吸收和利用方面相互影响。施用氮肥能促进磷的吸收。

（四）植物磷素营养失调症

1. 缺磷症

①植株生长迟缓，矮小、瘦弱、直立，分蘖或分枝少，根系不发达。

②花芽分化延迟，落花落果多，成熟延迟，籽实细小。

③多种作物茎叶呈紫红色，水稻等叶色暗绿。

2. 磷素过多

①呼吸过旺、碳水化合物消耗过多，无效分蘖、空粒、秕粒增加，易早衰。

②早花、过早成熟。

③过多的磷诱发 Zn、Fe、Mn 缺乏。

二、土壤磷素

1. 土壤中磷的含量与形态

土壤全磷含量（以 P_2O_5 表示）一般为 0.1% ~0.15%，但高的可达 0.25%，低的只有 0.05%，南方酸性土壤全磷含量一般低于 0.1%，北方石灰性土壤磷的含量则较高。

土壤全磷含量的高低，受土壤母质和成土作用特别是耕作施肥的影响很大，一般而言，基性火成岩的风化母质含磷多于酸性火成岩的风化母质。另外，土壤中磷的含量与土壤质地和有机质含量也有关系，黏土含磷量多于砂性土，有机质丰富的土壤含磷也较多。磷在土壤剖面中的分布是耕作层含磷量一般高于底土层。在全磷含量很低的情况下，土壤有效磷的供应也常不足，但全磷含量高的土壤，有效磷含量不一定高。

土壤中的磷可分为有机磷和无机磷，土壤中有机磷主要以核酸和植素的形态存在，其有效性并不高。土壤中无机磷以钙、铁、铝等的磷酸盐为主，其存在形态受 pH 的影响很大，石灰性土壤中以磷酸钙盐为主，酸性土壤中则以磷酸铝和磷酸铁占优势，中性土壤中磷酸钙、磷酸铝和磷酸铁的比例大致为 1 ∶1 ∶1。酸性土壤特别是酸性红壤中，由于大量游离氧化铁的存在，很大一部分磷酸铁被氧化铁薄膜包裹成为闭蓄态磷，磷的有效性大大降低，另外，石灰性土壤中游离碳酸钙的含量对磷的有效性影响也很大，如磷酸一钙、磷酸二钙、磷酸三钙随着钙与磷的比例增加，其溶解度和有效性逐渐降低。土壤本身的固磷作用使土壤中磷的有效度减少，造成磷肥的利用率降低（不到 30%）。减少土壤固磷作用,增加土壤中磷的有效性的方法主要有,调节土壤酸碱度,增施有机肥等。

(1)我国耕地土壤全磷量:0.2~1.1 g/kg,呈地带性分布规律。从南到北、从东到西逐渐增加。

磷是地球生命系统的主要营养元素之一,也是生态系统常见的营养限制因子,尤其是在热带雨林生态系统和年龄古老的土壤带。土壤磷含量的变化影响着包括碳、氮循环在内的其他元素的生物地球化学循环。目前,人类活动已显著地改变了磷的循环和平衡。例如,磷肥的大量施用,引起了土壤磷的过量积累,其流失量的剧增导致了水体中磷的富集。估算土壤磷含量和磷库大小有助于理解磷循环对生态系统的影响,揭示磷库的影响因子,也将有助于评价气候变化和土地利用方式的转变对土壤磷库的影响。然而,相比于土壤的碳和氮库,人们对土壤磷库的估算较少,并且集中在全球和区域尺度。但是,土壤中磷的含量受到母质、气候、生物和土壤中的地球化学过程等一系列因素的影响,其分布具有巨大的空间异质性,因此,对土壤磷素的空间分布及其控制因素的研究就显得十分重要。

土壤供磷状况以土壤有效磷含量表示。土壤有效磷(P)>10 mg/kg,表示有效磷较高;土壤有效磷(P)<5 mg/kg,表示有效磷不足。

(2)土壤中磷的形态及其植物的有效性。

土壤中磷元素形态上主要分三大类别:包括土壤有机质内的有机磷、无机磷存在于钙、镁、铁、铝及黏粒结合的磷、存于生命体中的有机及无机磷。

有机质中的有机磷将受土壤微生物的分解,转化为无机磷,这是有机磷的矿质化作用。植物在土壤中吸收的磷元素形态大都以磷酸二氢及一氢离子存在,其中吸收磷酸二氢离子较磷酸一氢离子容易,部分有机磷也有少量能被植物吸收。在土壤溶液中磷酸二氢离子及磷酸一氢离子的比例受 pH 的影响,在偏酸性时则以磷酸二氢离子居多;反之则以磷酸一氢离子居多。

①有机态磷

a. 含量:占土壤全磷量的 10% ~ 50%。

b. 来源:动物、植物、微生物和有机肥料。

c. 影响因素:母质的全磷量、全氮量、地理气候条件、土壤理化性状、耕作管理措施等。

d. 影响有机磷转化的因素:水热条件与土壤的理化性状等,如:通气性、pH、温度及 C/P 等。

②无机态磷

a. 含量:占土壤全磷量的 50% ~90%。

b. 包括:土壤液相中的磷(以 $H_2PO_4^-$ 和 HPO_4^{2-} 为主)、固相的磷酸盐。

2. 土壤磷素的转化及固定

土壤中磷的转化概括为难溶性磷的有效化过程与土壤磷的固定,这两个过程的相互转化速率与方向决定土壤的供磷能力及其磷的有效性。植物营养元素在土壤中的移动行为是决定正确施肥方法的重要指标,营养元素在根圈上被植物吸收,于是根圈中的营养元素逐渐减少,营养元素将从根圈周围往根移动,移动最快的形式属随水流移行的大量移动,例如硝态氮的移动就属于大量移动;另一种移动是靠高浓度往低浓度扩散的移动,这种移动的方式甚慢,磷元素在土壤中的移动是靠此扩散移动,从根圈外供应,根吸收的能力甚低。因此,根吸收磷元素是靠根系接土壤的方式为主要来源。磷在湿润的土壤中扩散系数比氮的扩散系数小 1 千至 2 千倍,磷元素不易从表土中向下移动到深层土壤,尤其黏粒多的土壤更不易移动,有机磷的移动较无机磷高,有机质有助于磷元素在土壤中移动。有机磷的含量根据不同土壤组成及特性而不同,约占土壤磷元素 15% 到 18% 不等,尤其以泥炭土,含有机磷元素高,磷元素中的 5% ~10% 存在于土壤微生物中。

(1)土壤磷的释放

①难溶性磷酸盐的释放。

②无机磷的解吸。

(2)土壤中无机磷的固定

①化学沉淀 :土壤中有效磷与碳酸钙等发生化学反应,形成难溶性磷酸盐的过程。

②吸附反应 :包括专性吸附和非专性吸附。

三、常用磷肥的种类、性质和施用技术

与氮相同,磷是植物生长发育不可缺少的营养元素之一。磷能促进苗木根系(尤其是主根)的生长,缺磷时通常表现为根系不发达。严重缺磷时,苗木侧芽退化,枝梢短,叶子为古铜色或紫红色,植株下部叶子易枯萎脱落,生长受抑制,或熟期延迟。

在花卉栽培中及时供应磷肥是十分重要的,当开花植物进入花芽分化时期,需要相当数量的磷肥。有人种植米兰长期不开花,原因之一就是氮肥过多而磷肥不足。磷肥的主要功能是促进植物开花和结实。许多土壤磷素供应不足,因此定向地调节土壤磷素状况和合理施用磷肥是提高土壤肥力,达到作物高产优质的重要途径之一。

磷矿石加工方法不同,制造出的磷肥品种各异,主要反映在肥料中所含磷酸盐的形态和性质上。根据磷肥所含磷酸盐溶解度大小和肥效快慢可将磷肥分为三大类:水溶性磷肥、弱酸性(或枸溶性)磷肥、难溶性磷肥。

1. 水溶性磷肥

凡养分标明量主要属于水溶性磷酸一钙的磷肥,称为水溶性磷肥。它是用硫酸、硝

酸、盐酸处理磷矿粉制成。包括过磷酸钙、重过磷酸钙等。其中的磷易被植物吸收利用，肥效快，是速效性磷肥。但易被土壤中的钙、铝、镁等固定，生成不溶性磷酸盐，使磷的有效性降低。

(1)过磷酸钙[$Ca(H_2PO_4)_2 \cdot H_2O$，含 P_2O_5 14% ~15%]过磷酸钙又称过磷酸石灰、普通过磷酸钙，简称普钙，是我国目前使用量最大的一种水溶性磷肥。它是由氟磷灰石或氯磷灰石经酸处理而制成的，其主要反应式为：

$$Ca_{10}(PO_4)_6F_2+7H_2O+3H_2O \rightarrow 3Ca(H_2PO_4)_2 \cdot H_2O+7CaSO_4+2HF\uparrow$$

过磷酸钙的主要成分是水溶性磷酸-钙和难溶于水的硫酸钙的复合物[$Ca(H_2PO_4)_2 \cdot H_2O \cdot CaSO_4$]，两者分别占肥料质量的30% ~50%和40%，成品中有效磷(P_2O_5)的质量分数为12% ~20%，另外还有2% ~4%的硫酸铁、硫酸铝，3.5% ~5.0%的游离酸(主要是磷酸和硫酸)等。

过磷酸钙为深灰色、灰白色或淡黄色等粉状物，水溶液呈酸性反应，具有腐蚀性和吸湿性。在贮存过程中，当过磷酸钙吸湿后，除易结块外，其中的磷酸-钙还会与硫酸铁、硫酸铝等杂质发生化学反应形成溶解度低的铁、铝磷酸盐，这种作用通常称为磷酸的退化作用。温度愈高，磷酸退化愈快。因此过磷酸钙成品中含水量和游离酸含量都不宜超过国家规定标准。同时，在储运过程中要注意防潮。

过磷酸钙施入土壤后，进行各种化学、物理、生物的转化，各地实践证明，过磷酸钙的利用率低，一般当季利用率为10% ~25%，平均利用率为15%。磷在土壤中移动性差，一个生长季只移动3 cm左右，因此不存在磷的淋溶损失，而磷也不会从大气中挥发损失，所以利用率低的重要原因之一是磷在土壤中容易被固定。

过磷酸钙适用于各类土壤及作物，可作基肥、种肥和追肥施用。无论施在何种土壤上，均易发生磷的固定作用。因此合理施用过磷酸钙的原则是尽可能减少与土壤颗粒的接触面积，以防土壤对磷的吸附固定，增加过磷酸钙与植物根系的接触机会，以提高其利用率。具体的施用方法如下：

集中深施：集中施用可提高局部土壤的供磷强度，促进磷向根表扩散，有利于作物根系对磷的吸收。作基肥时，集中深施要将肥料施于犁沟中，且种子离犁沟要近。

分层施用：可调节磷在土壤中移动性小而植物根系又不断扩展的矛盾，即将2/3左右的磷肥作基肥，在耕地时犁入根系密集的底层中，以满足作物中、后期对磷的需求，剩余的1/3在种植时作种肥或面肥施于表层土壤中，以改善作物幼苗期的磷营养状况。另外作种肥时由于过磷酸钙有游离酸的存在，应分层施用，可将肥料集中施入播种行、穴中，覆一层薄土后，立即播种盖土。

与有机肥料混合施用：过磷酸钙与有机肥料混合施用后，可以减少磷肥与土壤的接触面积，减少水溶性磷的化学固定作用；同时，有机肥分解可产生多种有机酸，能络合土壤中的Ca^{2+}、Fe^{2+}、Al^{3+}等离子,从而减少这些离子对磷的化学沉淀作用;有机肥料还能促进土壤微生物的活动,释放二氧化碳,有利于土壤难溶性磷酸盐的释放。此外,过磷酸钙与有机肥混合堆腐还兼有保氮作用。

在酸性土壤上施用石灰时,不能与过磷酸钙直接混合,应先施用石灰后,再施用过磷酸钙。

制成粒状磷肥:将过磷酸钙制成颗粒状,颗粒直径以3~5 mm为宜,可减小其与土壤的接触面积,有效地减少磷的吸附和固定。

根外追肥:过磷酸钙作根外追肥不仅可以避免磷肥在土壤中的固定,而且用量少、见效快。尤其在作物生长的后期,根系吸收能力减弱,且不易深施的情况下效果较好。

方法是先将过磷酸钙配制成10%的溶液,充分搅拌,静置过夜,让硫酸钙沉淀于底部,然后用上层清液进行喷施。喷施的过磷酸钙浓度因植物的种类、生育期、气候条件而异。一般单子叶作物以及果树、树木为1%~3%,双子叶植物为0.5%~1.0%;保护地栽培的蔬菜和花卉,喷施的浓度一般低于露地,为0.5%左右。对不同生育期,一般掌握前期浓度小于中后期。喷液量为750~1 500 kg/hm^2。

(2)重过磷酸钙又称三料过磷酸钙,简称重钙,含P_2O_5在40%~50%之间,是一种高浓度磷肥。重过磷酸钙是由硫酸处理磷矿粉制得磷酸,再以磷酸和磷矿粉作用后制得的。

主要成分是磷酸一钙(不含硫酸钙),含有4%~8%的游离磷酸,具有较强的吸湿性和腐蚀性,呈深灰色颗粒或粉末状,易溶于水,水溶液呈酸性。由于不含硫酸铁、铝盐,故吸湿后,不会发生磷酸的退化作用。

重过磷酸钙的施用方法与过磷酸钙相同。但其有效磷的含量高,肥料用量应比过磷酸钙少,其施用量相当于过磷酸钙的35%~50%。同时,因为其不含硫酸钙,对于喜硫的作物,如豆科作物、十字花科作物和薯类作物的肥效不如等量的过磷酸钙。

2. 弱酸溶性磷肥

能够溶于2%的柠檬酸或中性柠檬酸铵溶液的磷肥称为枸溶性磷肥或弱酸溶性磷肥。这一类磷肥包括钙镁磷肥、钢渣磷肥、脱氟磷肥、沉淀磷肥和偏磷酸钙等。其肥效较水溶性磷肥慢。

钙镁磷肥。钙镁磷肥是用磷矿石与适量的含镁硅矿物如蛇纹石、橄榄石、白云石和硅石等在高温下熔融,经水淬冷却而制成玻璃状碎粒,再磨成细粉状而制成,在我国的磷肥生产中,钙镁磷肥占第二位,是一种低浓度的磷肥。

主要成分为钙镁磷酸盐和磷酸盐,主成分为α-磷酸三钙。含磷量(P_2O_5)12%~20%、MgO 8%~20%,CaO 25%~40%,SiO_2为20%~35%左右,同时还含有少量的铁、铝、锰等盐类。钙镁磷肥不溶于水,但能溶于弱酸中。一般为黑绿色或灰棕色,呈碱性反应,pH 为 8～8.5,无腐蚀性,不易吸湿结块。

钙镁磷肥所含的磷酸盐必须经过溶解后才能被作物吸收利用,施入酸性土壤后,借助于土壤中的磷酸盐逐步溶解、释放,以供作物的吸收利用,另外,还能供给钙、镁等养分,它的肥效不如过磷酸钙快,但后效较长。同时,钙镁磷肥在转化过程中,又能中和部分土壤酸度,从而提高了土壤及肥料磷的有效性。

中性或石灰性土壤中施入钙镁磷肥后,能溶解但速度慢。在土壤微生物和作物根系分泌的酸(碳酸)的作用下,可以逐渐溶解而释放出磷酸,但其释放速度较酸性土壤慢。

钙镁磷肥可以作基肥、种肥和追肥施用,但一般提倡作基肥撒施,应优先分配于酸性土壤上施用,因为在酸性土壤中,酸可以促进钙镁磷肥中磷酸盐的溶解。同时,土壤对该肥料中磷的固定低于过磷酸钙。试验表明,在 pH≤5.5 的强酸性土壤中,它对当季作物的肥效高于过磷酸钙,在 pH 值为 5.5～6.5 的酸性土壤中,其肥效与过磷酸钙相当,但后效高于过磷酸钙,在 pH 值>6.5 的中性及石灰性土壤中,其肥效低于过磷酸钙。

钙镁磷肥的可溶性磷量与其粒径大小有关。在酸性土壤上,细度与其肥效均无显著差异。在中性和石灰性土壤中,磨的越细有效性越高,颗粒细度要求 90% 能通过 80 目筛孔,粒径为 0.177 mm,可有效地提高磷的释放速度。

钙镁磷肥与有机肥料混合或堆沤后施用,可以减少土壤对磷的固定作用。与水溶性磷肥、氮肥(不要与铵态氮混用)和钾肥等肥料配合施用,可以提高肥效。

其他枸溶性磷肥如钢渣磷肥、沉淀磷肥、脱氟磷肥和偏磷酸钙等,它们的制造方法与成分不完全相同,但在施用上有相似之处。主要是:第一,肥料中的磷不溶于水而溶于弱酸,能被植物根系分泌的酸溶解。肥料在土壤中移动性小,施用时应尽量接近植物根系,肥效缓慢但持久。第二,肥料中除磷素外,还含有其他营养元素,如钙、镁、铜、锌、钼、硅、铝、铁等。第三,除沉淀磷肥为中性外,其他均为碱性肥料,适宜在酸性土中做基肥施用。第四,肥料吸湿性小,不易结块,便于贮存施用。

3. 难溶性磷肥

这类磷肥主要是磷矿石经机械加工磨细而成。溶解度低,不溶于水,也不溶于弱酸,而只能溶于强酸。一般只在酸性土壤上推荐使用。在酸性土壤上施用难溶性磷肥,可缓慢地转化为弱酸性磷酸盐,因此它的后效较长,而对当季作物的肥效较差。

主要有磷矿粉和骨粉。它既不溶于水,也不溶于弱酸。只有在酸性条件下才能溶解,被植物吸收利用。

难溶性磷肥是迟效性肥料。只有施用在酸性的土壤中才能产生肥效。有些植物对难溶性磷肥有较强的吸收能力。像豆科植物、特别是豆科绿肥,如紫云英、苕子、苜蓿等都能吸收难溶性磷肥。在苗圃,可用难溶性磷肥给豆科植物施肥,来增强根瘤菌的固氮能力。试验证明,磷肥对促进刺槐的生长发育有明显作用。

磷矿粉宜做基肥，不宜做追肥和种肥。作基肥时宜撒施均匀、深施，以增加肥料与土壤的接触面积，这点与水溶性磷肥的集中施用方法是不同的。难溶性磷肥施于果树或经济林木上可采用环形施肥方法，即按树冠大小，开环形沟，沟深15～25 cm，施下后覆土。难溶性磷肥可与酸性肥料（如过磷酸钙）或生理酸性肥料（如硫酸铵、氯化铵、硫酸钾、氯化钾）等混合施用，也可以与有机肥料混合堆沤后施用以提高磷矿粉的当季肥效。

四、磷肥的合理分配与施用

（一）磷肥的合理分配与施用

我国磷肥的当季利用率在10%～25%，利用率低的原因：一是磷的固定作用，二是磷在土壤中移动性小。因此，提高磷肥利用率，是当前农业生产中的一个重要问题。

1. 根据植物特性和轮作制度合理施用磷肥

不同植物对磷的需要量和敏感性不同，一般豆科植物对磷的需要量较多，蔬菜（特别是叶菜类）对磷的需要量小。不同植物对磷的敏感程度为：豆科和绿肥植物>糖料植物>小麦>棉花>杂粮（玉米、高粱、谷子）>早稻>晚稻。不同植物对难溶性磷的吸收利用差异很大，油菜、荞麦、肥田萝卜、番茄、豆科植物吸收能力强，马铃薯、甘薯等吸收能力弱，应施水溶性磷肥最好。

植物需磷的临界期都在早期，因此，磷肥要早施，一般作底肥深施于土壤，而后期可通过叶面喷施进行补充。

磷肥具有后效，在轮作周期中，不需要每季植物都施用磷肥，而应当重点施在最能发挥磷肥效果的茬口上。水旱轮作如油-稻、麦-稻轮作中，应本着“旱重水轻”原则分配和施用磷肥。旱地轮作中应本着越冬植物重施、多施；越夏植物早施、巧施原则分配和施用磷肥。

2. 根据土壤条件合理分配与施用

土壤供磷水平、有机质含量、土壤熟化程度、土壤酸碱性等因素都对磷肥肥效有明显影响。缺磷土壤有优先施用、足量施用，中度缺磷土壤要适量施用、看苗施用；含磷丰富土壤要少量施用、巧施磷肥。有机质含量高（>25 g/kg）的土壤，适当少施磷肥，有机质含量低的土壤，适当多施；土壤pH在5.5以下土壤有效磷含量低，pH在6.0～7.5范围含量高，pH>7.5时有效磷含量又低。

酸性土壤可施用碱性磷肥和枸溶性磷肥，石灰性土壤优先施用酸性磷肥和水溶性磷肥。边远山区多分配和施用高浓度磷肥，城镇附近多分配和施用低浓度磷肥。

3. 根据磷肥特性合理分配与施用

普钙、重钙等为水溶性、酸性速效磷肥，适用于大多数植物和土壤，但在石灰性土壤上更适宜，可作基肥、种肥和追肥集中施用。钙镁磷肥、脱氟磷肥、钢渣磷肥、偏磷酸钙等呈碱性，作基肥最好施在酸性土壤上，磷矿粉和骨粉最好作基肥施在酸性土壤上。

由于磷在土壤中移动性小，宜将磷肥分施在活动根层的土壤中，为了满足植物不同生育期对磷肥的需要最好采用分层施用和全层施用。

4. 与其它肥料配合施用

植物按一定的比例吸收氮、磷、钾等各种养分，只有在协调氮、钾平衡营养基础上，合理配施磷肥，才能有明显的增产效果。如，小麦的氮、磷、钾配比为1 ∶0.4 ∶06；甘蓝为1 ∶0.3 ∶0.3；大麦为3 ∶1 ∶1。

在酸性土壤和缺乏微量元素的土壤上，还需要增施石灰和微量元素肥料，才能更好发挥磷肥的增产效果。

磷肥与有机肥料混合或堆沤施用，可减少土壤对磷的固定作用，促进弱酸溶液性磷肥溶解，防止氮肥损失，起到"以磷保氮"作用，因此效果最好，是磷肥合理施用的一项重要措施。

5. 合理施用方法

在固磷能力强的土壤上，采用条施、穴施、沟施、塞秧根和蘸秧根等相对集中施用的方法；磷肥应深施于根系密集分布的土层中；也可采用分层施用，即2/3磷肥作基肥深施，其余1/3在种植时作面肥或种肥施于表层土壤中；根外追肥也是经济有效施用磷肥的方法之一。

6. 制成颗粒磷肥

颗粒直径以3～5 mm为宜，易于机械化施肥。但密集植物、根系发达植物还是粉状过磷酸钙好。

（二）提高磷肥利用率的途径

作物对磷肥的利用率为10%～25%，磷与作物的细胞分裂，有机物的合成、转化、运输都有密切关系，它可以促进幼根的生长，促进开花结实，提早成熟，还可以增进果实的品质。提高磷肥利用率的措施如下：

1. 相对集中施用

目的：减少磷肥与土壤的直接接触，增加与根系的接触面积。

要求：以基肥为主，配施种肥，早施追肥。

2. 磷肥与其他肥料配合施用

①在中低肥力土壤上，N、P的配施比在高肥力土壤上显著。

②与钾肥和有机肥配施。

③酸性土壤中适当增施石灰或微量元素肥料。

优先施用在缺磷土壤和喜磷作物上。如贫瘠土、新平整土以及南方的酸性土。豆科作物、油菜、果树、茶树、橡胶等作物。

各地的试验和生产实践表明磷肥对大田作物反应的大致顺序是:冬季绿肥作物(包括豆科以及萝卜、油菜等)>一般旱地豆科作物>大麦、小麦>早稻>中稻>晚稻。

在轮作周期中将磷肥优先施用在增产明显的作物上。水旱轮作时,实施“旱重水轻”的原则。如:小麦(油菜)、水稻轮作时,磷肥重点用在小麦(油菜)上,水稻还可以利用其后效。旱作轮作时,磷肥的分配、使用应根据作物的生理特性、吸鳞能力以及轮作制度而定。如小麦、玉米轮作,磷肥应重点施在小麦上,后茬玉米可以利用其后效。如有豆类作物,磷肥优先施用在豆类作物上。

磷肥应与其他肥料配合施用。磷肥与有机肥混合堆沤后施用 ,可以提高磷肥的有效性 ,减少土壤对磷的固定 ,从而提高磷肥的肥效。磷肥与氮肥、钾肥配合施用时,应考虑氮、磷、钾三者的恰当比值,才能提高磷肥的利用率。

采用恰当的施肥技术。磷肥利用率低的主要原因是水溶性磷易被固定,移动性小。因此,合理施用磷肥应采取一切有效措施,减少水溶性磷的固定,并促进难溶性磷转化为有效磷,以及尽量增加和根系直接接触的机会。常采用集中、分层、深施、早施等办法提高磷肥的利用率。

任务四　植物的钾素营养与钾肥

钾不仅是植物生长发育所必需的大量营养元素,而且也是肥料三要素之一。许多植物需钾量较大,它在植物体内的含量仅次于氮。农业生产实践证明,施用钾肥对提高作物产量和改进品质均有明显的作用。由于氮、磷化肥用量的逐年增加,复种指数和作物产量的不断提高,作物对钾的需求量明显增加。特别是我国南方土壤含钾量明显偏低,供钾能力不足,施用钾肥后往往具有显著的增产效果。近年来,我国北方石灰性土壤的含钾量呈下降态势,出现了高产喜钾作物缺钾的现象,因此在高产栽培中施用钾肥越来越重要。

一、植物体钾营养

(一)植物体内钾的含量与分布

1.含量

一般植物体内的含钾量(K_2O)约占植物干重的0.3% ~5.0% ,其含量依植物种类和器官不同而异。通常,含淀粉、糖等碳水化合物较多的作物含钾量较高,如薯类作物的块根或块茎、糖用甜菜块茎和根系、烟草的茎叶等含钾量较高,谷类作物含钾量较低。从不同器官来看,谷类作物茎叶中的含钾量较高,而种子中的含钾量较低。薯类作物的块根、块茎中含钾量高于其他器官。钾在植物体内的移动性很强,根系吸收的钾易于运到地上部,而且有随作物生长中心的转移而转移的特点。因此,植物能多次反复利用。当植物体内钾素不足时,钾优先分配到较幼嫩的组织中,缺钾首先出现在下部老叶上。例如杂交水稻,在其不同的生育期中,低钾处理的稻株,从上层叶到下层叶,其含钾量都存在明显的梯度,而适量施钾的处理,稻株各层叶片之间的含钾量则较为接近。这种现象在其他作物上也有类似的趋势。因此,植株从上到下,各叶片之间含钾量是否存在梯度也可作为钾营养诊断的一种方法。从细胞水平来看,细胞质中钾浓度较低,且含量较稳定,约 100~200 $mmol \cdot L^{-1}$。当植物组织含钾量较低时,首先满足细胞质内钾的需要,直到钾的数量达最适水平。当钾的供应达最适水平后,过量的钾几乎全部转移到液泡中。细胞质内钾保持在最适水平是出于生理上的需要,因为钾对植物有多种营养功能。目前已知有 60 多种酶的活性取决于细胞质内 K^+ 的浓度,稳定的 K^+ 含量是细胞进行正常代谢的保证。液泡是钾的贮藏场所,它是细胞质中钾的补给者。成熟细胞的液泡体积约占细胞总体积的 80% ~90%,所以在液泡内贮藏着植物体中大部分的钾。

2. 形态

钾在植物体内的存在形态,与氮、磷不同,主要以离子态或可溶盐类溶于植物汁液之中或吸附在原生质胶体表面,而不是以有机化合物的形态存在。植物体内的钾十分活跃,易流动,再分配的速度很快,再利用的能力也很强。通常,随着植物的生长,钾不断地向代谢作用最旺盛的部位转移。因此,钾集中分布在幼芽、幼叶和根尖中。

3. 分布

植物体内,钾主要分布在代谢活跃的器官或组织中。成熟的植物体内,钾主要分布在茎叶中,而种子中的含量很低。

(二)钾的营养功能

1. 促进光合作用,提高 CO_2 的同化率

钾在光合作用过程中具有重要作用,主要表现在以下几方面:

(1)钾能促进叶绿素的合成,改善叶绿素的结构

叶绿体是植物进行光合作用的场所,而叶绿素是叶绿体的重要组成成分。试验证明,供钾充足能提高莴苣、甜菜和菠菜等植物叶片中叶绿素的含量,促进电子传递,提高 CO_2 的同化率,增加 ATP 合成的数量。植物缺钾时,叶绿体的结构易出现片层松弛而影响 CO_2 的同化,因为 CO_2 的同化受电子传递速率的影响。有研究表明,当植物体内含钾量较高时,在单位时间内叶绿体合成的 ATP 比含钾量低时大约要多50%。

(2)钾能促进叶片对 CO_2 的同化

一方面由于钾提高了 ATP 的数量,为 CO_2 的同化提供了能量;另一方面是因为钾能降低叶内组织对 CO_2 的阻抗,因而能明显提高叶片对 CO_2 的同化。可以说,在 CO_2 同化的整个过程中都需要有钾参加,用菠菜的叶绿体做试验时发现,施钾提高了 CO_2 的同化速率。因此,改善钾营养不仅能促进 CO_2 的同化,而且能促进植物在 CO_2 浓度较低的条件下进行光合作用,使植物更有效地利用太阳能。

(3)钾能促进光合作用产物的运输

钾能促进光合作用产物向贮藏器官运输,增加"库"的贮存。应孩特别指出的是,对于没有光合作用功能的器官来说,它们的生长及养分的贮存,主要靠同化产物从地上部向根或果实中运转。这一过程包括蔗糖由叶肉细胞扩散到组织细胞内,然后被泵入韧皮部,并在韧皮部筛管中运输。钾在此运输过程中有重要作用。在不同钾营养条件下,Hartt 曾用 ^{14}C 喂饲甘蔗叶片,经 90 min,测定叶片中光合产物分布的情况。结果表明,钾有助于光合产物从叶片中迅速转移出去。Mengel 和 Vine(1977)的研究表明,钾影响光合产物向贮藏器官的运输。由此可见,钾对调节"源"与"库"关系有良好作用。

2. 促进蛋白质合成

钾通过对酶的活化作用,促进氮素代谢和蛋白质的合成。钾还能促进根瘤菌的固氮作用。

3. 参与细胞渗透调节作用

钾对调节植物细胞的水势有重要作用。植物对钾的吸收有高度选择性,因此钾能顺利进入植物细胞内。进入细胞内的钾不参加有机物的组成,而是以离子的状态累积在细胞质的溶胶和液泡中。钾离子的累积能调节胶体的存在状态,也能调节细胞的水势,它是细胞中构成渗透势的重要无机成分。细胞内钾离子浓度较高时,吸收的渗透势也随之增大,并促进细胞从外界吸收水分。从而又会引起压力势的变化,使细胞充水膨胀。只有当渗透势和压力势达到平衡时,细胞才停止吸收水分。缺钾时,细胞吸水能力差,胶体保持水分的能力也小,细胞失去弹性,植株和叶片易萎蔫。保持细胞正常的水势是细胞增长的驱动力,对调节细胞代谢有重要作用。试验证明,供钾充足的作物,生长迅速。K. Mengel 曾指出,在作物生长过程中,对缺钾最敏感的是幼嫩组织的膨压。缺钾常表现为幼嫩组织的膨压下降,植物的生长势差,干物质产量降低。幼嫩组织需钾量高的原因之一就在于钾能维持胶体处于正常状态以及保持细胞有较高的水势梯度。例如,在番茄、苹果、葡萄等一些含水分多的果实以及马铃薯块茎、甜菜块根等新鲜贮存器官中都含有大量的钾。

4. 调控气孔运动,促进作物经济用水

作物的气孔运动与渗透压、压力势有密切关系,植物体内积累大量的钾,能提高细胞的渗透势，增加膨压，气孔增大。当植物处于光照条件下，钾离子便从叶片的表皮进入邻近的保卫细胞，并在保卫细胞中与有机离子苹果酸结合形成苹果酸盐，使得保卫细胞的渗透势增加，因而细胞获得较多的水分，尔后压力势也随之增加，气孔即张开。在无光照的条件下，气孔是关闭的。气孔张开和关闭不仅影响叶片中 CO_2 的交换，直接与光合作用有关，而且可调节作物的蒸腾作用，减少水分的散失，尤其在干旱的条件下更有重要意义。

5. 是许多酶的活化剂

它以酶的活化剂形式广泛地影响着植物生长和代谢活动。目前已知有 60 多种酶需要一价阳离子来活化，而其中钾离子是植物体内最有效的活化剂。这 60 多种酶大约可归纳为合成酶、氧化还原酶和转移酶三大类。它们都是植物体内极其重要的酶类。由于钾是许多酶的活化剂，所以供钾水平明显影响植物体内碳、氮代谢作用。例如，在植物呼吸作用过程中，钾是磷酸果糖激酶和丙酮酸激酶的活化剂，因此钾有促进呼吸和 ATP 合成的作用，使每单位叶绿体产生的 ATP 数量有所增加。在高等植物中，淀粉含量高的作物（如薯类作物）都需要较多的钾。虽然其他的一价阳离子也有激活淀粉合成酶的作用，但钾的活化能力最强，促进淀粉合成的效果最好。

6. 促进有机酸代谢

钾参与植物体内氮的运输，它在木质部运输中常常是硝酸根离子的主要陪伴离子。当 NO_3^- 在植物体内被还原成 NH_3 以后，带负电荷的 NO_3^- 就消失了。为了电荷平衡，植物必须加强有机酸的代谢，所形成的苹果酸根代替了 NO_3^-，与钾离子结合成为苹果酸钾，并可重新转移到根部，苹果酸根脱羧后以 HCO_3^- 的形式排出体外，又可促进植物对 NO_3^- 的吸收。这表明钾有促进有机酸代谢的功能，同时也有利于对 NO_3^- 的吸收。钾能明显提高植物对氮的利用，也促进植物从土壤中吸取氮素。

7. 增强植物的抗逆性

钾有多方面的抗逆功能，它能增强作物的抗旱，抗高温，抗寒、抗病、抗盐，抗倒伏等的能力，从而提高其抵御外界恶劣环境的忍耐能力。这对作物稳定高产有明显作用。

抗旱性：增加细胞中钾离子的浓度可提高细胞的渗透势，防止细胞或植物组织脱水。同时钾还能提高胶体对水的束缚能力，使原生质胶体充水膨胀而保持一定的充水度、分散度和黏滞性。因此，钾能增强细胞膜的持水能力，使细胞膜保持稳定的透性。渗透势和透性的增强，将有利于细胞从外界吸收水分。供钾充足时，气孔的开闭可随植物生理的需要而调节自如，使作物减少水分蒸腾，经济用水。所以钾有助于提高作物抗旱能力。此外，钾还可促进根系生长，提高根/冠比，从而增强作物吸收水的能力。

抗高温：缺钾植物在高温条件下，易失去水分平衡，引起萎蔫。棉花、丝瓜和南瓜等叶面积较大的植物尤为明显。在炎热的夏天，缺钾植物的叶片常出现萎蔫，影响光合作用的进行。短期高温会引起呼吸强度增加，同化物过度消耗以及蛋白质分解，从而形成并积累过多的 NH_3，造成氨中毒。高温条件下，还会引起膜结构的改变和光合电子传递受阻，而使植物生长急剧下降。K^+ 有渗透调节功能，供钾水平高的植物，在高温条件下能保持较高的水势和膨压，以保证植物能正常进行代谢。通过施用钾肥可促进植物的光合作用，加速蛋白质和淀粉的合成，也可补偿高温下有机物的过度消耗。钾还通过气孔运动及渗透调节来提高作物对高温的忍耐能力。

抗寒性：钾对植物抗寒性的改善，与根的形态和植体内的代谢产物有关。钾不仅能促进植物形成强健的根系和粗壮的木质部导管，而且能提高细胞和组织中淀粉、糖分、可溶性蛋白质以及各种阳离子的含量。组织中上述物质的增加，既能提高细胞的渗透势，增强抗旱能力，又能使冰点下降，减少霜冻危害，提高抗寒性。此外，充足的钾有利于降低呼吸速率和水分损失，保护细胞膜的水化层，从而增强植物对低温的抗性。应该指出的是，钾对抗寒性的改善，受其他养分供应状况的影响。一般来讲，施用氮肥会加重冻害，施用磷肥在一定程度上可减轻冻害，而氮、磷肥与钾肥配合施用，则能进一步提高作物的抗寒能力。

抗盐类：有资料报道，供钾不足时，质膜中蛋白质分子上的巯基（—SH）易氧化成双硫基，从而使蛋白质变性，还有一些类脂中的不饱和脂肪酸也因脱水而易被氧化。因此，质膜可能失去原有的选择透性而受盐害。有资料报道，在盐胁迫环境下，K^+ 对渗透势的贡献最大。良好的钾营养可减轻水分及离子的不平衡状态，加速代谢进程，使膜蛋白产生适应性的变化。反之，增施钾肥有利于提高作物的抗盐能力。

抗病性：钾对增加作物抗病性也有明显作用。在许多情况下，病害的发生是由于养分缺乏或不平衡造成的。Fuchs Grossmann（1972）曾总结了人们对钾与抗病性、抗虫性的关系。他们认为，氮与钾对作物的抗病性影响很大，氮过多往往会降低植物对病虫害的抗性，而钾的作用则相反，增施钾肥能提高作物的抗病性。作物的抗性，特别是对真菌和细菌病害的抗性常依赖于氮钾比。钾能使细胞壁增厚提高细胞木质化程度，因此能阻止或减少病原菌的入侵和昆虫的危害。另一方面，钾能促进植物体内低分子化合物（如游离氨基酸，单糖等）转变为高分子化合物（如蛋白质、纤维素、淀粉等）。可溶性养分减少后，有抑制病菌滋生的作用。有资料报道，适量供钾的植株，能在其感病点的周围积累植物抗毒素（phytoalexins）、酚类及生长素，所以能阻止病害部位扩大，而且易于形成愈伤组织。许多资料表明，供钾充足可减轻水稻胡麻叶斑病、稻瘟病、赤枯病，纹枯病、玉米茎枯病、黑粉病、麦类赤霉病、白粉病、棉花红叶茎枯病以及烟草花叶病等的发病率和危害。

抗倒伏：钾还能促进作物茎秆维管束的发育，使茎壁增厚，髓腔变小，机械组织内细胞排列整齐，因而，具有增强抗倒状的能力。

抗早衰：Header 和 Beringer（1981）在研究钾对冬小麦产量影响时发现，钾有防止早衰、延长籽粒灌浆时间和增加千粒重的作用。防止作物早衰可推迟其成熟期,这意味着能使作物有更多的时间把光合产物运送到“库”中。究其实质,主要是施用钾肥后小麦籽粒中脱落酸的含量降低,且使其含量高峰期时间后移。这是延长冬小麦灌浆天数,增加千粒重的重要原因。在冬小麦灌浆期间,充足的钾还能延缓叶绿素的破坏,延长功能叶的功能期,这也是抗早衰的一个原因。不仅如此,钾还能抗 Fe^{2+}、Mn^{2+} 以及 H_2S 等还原物质的危害。缺钾时,体内低分子化合物不能转化为高分子化合物,大量低分子化合物就有可能通过根系排出体外。低分子在根际的出现,为微生物提供了大量营养物质,使微生物大量繁殖,造成缺氧环境,从而使根际各种还原性物质数量增加,危害作物根系,尤其是水稻,常有禾苗发红、根系发黑、土壤呈灰蓝色等中毒现象。如果供钾充足,则可在根系周围形成氧化圈,从而消除上述还原物质的危害。除此之外,钾还能消除氮、磷过多而造成的不良影响。故钾在平衡氮、磷营养方面的作用是特别重要的。

(三)植物对钾的吸收

1. 主动吸收

占主导地位 ,具有自动调节功能。

2. 被动吸收

外界 K^+浓度过高时,吸收曲线呈“二重图型”。

土壤中的 K^+主要通过扩散和质流途径迁移到植物根表或根的自由空间,然后通过主动运转的方式吸收进入根内。植物对钾的吸收取决于土壤供钾能力和植物种类,不同植物的需钾量和吸钾能力不同。需钾量大小依次为:向日葵、荞麦、甜菜、马铃薯、玉米>油菜、豆科作物>禾谷类作物和牧草。植物根吸收钾后,大部分通过木质部和韧皮部向上运输,少部分可由韧皮部运至根尖。钾在作物体内流动性大,可再利用。

(四)钾对作物产量和品质的影响

钾充足,不但能使作物产量增加 ,而且可以改善作物品质 ,如,油料作物的含油量增加、纤维作物的纤维长度和强度改善、淀粉作物的淀粉含量增加、糖料作物的含糖量增加、果树的含糖量、维 C 和糖酸比提高,果实风味增加、橡胶单株干胶产量增加、乳胶早凝率降低,从这些角度分析,钾通常被称为“品质元素”。

(五)植物钾素营养失调的症状

1. 缺乏

缺钾时老叶上先出现症状,再逐渐向新叶扩展。作物缺钾的主要症状是老叶尖及叶边缘先发黄,进而变褐,叶片上出现褐色斑点或斑块。严重缺钾时,幼叶上也出现同样症状。禾谷类作物缺钾时下部叶片上出现褐色斑点，严重时新叶上也出现同样症状。

2. 钾过多的危害

钾过多时，氮的吸收受阻，抑制营养生长，影响产量，影响钙、镁、硼的吸收。

二、土壤中的钾素及其转化

(一)土壤中的钾素含量、形态

1. 含量

地壳中钾的含量(平均)约为2.3%，大部分土壤含钾量为1.5%～2.5%，平均为1.2%。红壤、砖红壤等风化强烈，是含钾量最低的土壤种类。我国地域性分布规律是由北向南，由西向东渐减，东南地区土壤多缺钾。

2. 形态

分为矿物态钾、缓效态钾以及速效性钾(水溶性钾和交换性钾)。

(1)矿物态钾

占全钾量的90%～98%，存在于微斜长石、正斜长石和白云母中，以原生矿物形态分布在土壤粗粒部分。

(2)缓效态钾

占全钾量的2%～8%，主要存在与晶层固定态钾和次生矿物如水云母等以及部分黑云母中的钾。

(3)速效性钾（植物可利用的钾）

占全钾的0.1%～2%，其中交换性钾占90%，水溶性钾占10%左右。

(二)土壤中钾素的转化及平衡

1. 土壤中钾的转化

(1)矿物态钾和非交换钾的释放

矿物态钾(云母等)通过水化作用、水解作用、螯合作用及氧化还原反应等，进行缓慢风化，转变为高岭石，同时释放出钾素的过程。

(2)土壤中钾的固定

土壤溶液中的钾或交换性钾被黏土矿物的晶格吸附，随晶格收缩，进入晶格网眼的过程。

2. 土壤中的钾素平衡

土壤中的钾素在这些不同形态间处于动态平衡，为了维持土壤中钾素对植物的有效性，必须使土壤的速效钾保持在一定的水平。

土壤速效钾的来源有动物粪便、作物残茬、化学钾肥、非交换钾的转化及雨水和灌溉水。

土壤速效钾的消耗有植物吸收、淋失及黏土矿物的固定。

三、钾肥的种类、性质及施用

(一)氯化钾(KCl)

1. 成分和性质

含 K_2O 60%左右,呈白色或淡黄色或紫红色结晶,是溶于水的速效性钾肥,主要以光卤石(含有 KCl,$MgCl_2 \cdot H_2O$)、氯石盐(KCl,NaCl)和盐卤(含有 KCl,NaCl,$MgSO_4$,$MgCl_2$ 等)为原料加工制成。物理性质良好。吸湿性不大,久贮后会结块。属于化学中性,生理酸性肥料。

2. 在土壤中的转化

在土壤溶液中钾呈离子状态,与土壤胶体产生离子交换,具体如下:

酸性土壤中,K^+与胶体上的 H^+、Al^{3+}产生离子交换,使 H^+浓度升高,再加上生理酸性的影响,使 pH 值迅速下降,而且大量 Al^{3+}存在易产生铝毒,所以应配施石灰和有机肥。

中性土壤中,K^+与胶体上的 Ca^{2+}产生代换作用,形成 $CaCl_2$,因为 $CaCl_2$ 溶解度大,易引起 Ca 的淋失,如长期使用,会使土壤板结。由于 KCl 的生理酸性,会使土壤变酸,所以要配施石灰,防止酸化。

石灰性土壤有大量 $CaCO_3$,可以中和酸性,不致变酸。

3. 施用

①可作基肥、追肥施用,不宜作种肥。作基肥时在酸性和中性土壤上应与磷矿粉、有机肥、石灰等配合施用,一方面防止酸化,另一方面促进磷矿粉中磷的有效化。氯化钾不适宜作种肥,而硫酸钾能作种肥和根外追肥,种肥用量一般为 22.5 ~ 37.5 $kg \cdot hm^{-2}$,喷施浓度为2% ~3%。

②KCl 含有 Cl^-,对马铃薯、甘薯、甜菜、柑桔、烟草、茶树等的产量和品质有不良影响,不宜多用。

③氯化钾适用于麻类、棉花等纤维作物,因氯离子对提高纤维含量和品质有良好作用。

(二)硫酸钾(K_2SO_4)

硫酸钾一般以明矾石[$K_2SO_4 \cdot Al_2(SO_4)_3 \cdot 4Al(OH)_3$]或钾镁矾[$K_2SO_4 \cdot MgSO_4$]

为主要原料，经煅烧加工制成。呈白色或淡黄色结晶，含 K_2O 50%～52%，是易溶于水的速效性钾肥，物理性质较氯化钾好。吸湿性小，久贮不易结块。属于化学中性，生理酸性肥料。

1. 在土壤中的转化

与 KCl 相似。但在中性土壤中的 Ca^{2+} 形成的产物为 $CaSO_4$，溶解度比 $CaCl_2$ 小，对土壤脱钙程度也较小，酸化速度比氯化钾缓慢。

2. 施用

适合各种作物和土壤，可作基肥、追肥、种肥及根外追肥。

在酸性土壤上应与有机肥、石灰等配合施用；在通气不良的土壤中尽量少用。

氯化钾和硫酸钾土壤中转化特点：氯化钾和硫酸钾施入土壤后，在土壤溶液中立即解离成离子状态，一部分被植物直接吸收利用，另一部分同土壤胶体上的阳离子发生交换作用。

在中性和石灰性土壤中：

$[\text{土壤胶体}]Ca^{2+}+2KCl=[\text{土壤胶体}]2K^{+}+CaCl_2$

$[\text{土壤胶体}]Ca^{2+}+K_2SO_4=[\text{土壤胶体}]2K^{+}+CaSO_4\downarrow$

形成的 $CaCl_2$ 溶解度大，容易淋失。故在中性土壤中，长期施用氯化钾应配施钙质肥料，不然会导致土壤板结和酸化。施用硫酸钾后形成的 $CaSO_4$ 的溶解度小，土壤脱钙程度和酸化程度也较氯化钾小。在石灰性土壤中，存在大量碳酸钙，呈碱性，施用氯化钾和硫酸钾无上述缺点，而且施用氯化钾后还有利于植物对钙的吸收。

在酸性土壤中：

$[\text{土壤胶体}]Al^{3+},H^{+}+4KCl=[\text{土壤胶体}]4K^{+}+AlCl_3+HCl$

$AlCl_3+3H_2O=Al(OH)_3+3HCl$

$[\text{土壤胶体}]2Al^{3+}+3K_2SO_4=[\text{土壤胶体}]6K^{+}+Al_2(SO_4)_3$

$Al_2(SO_4)_3+6H_2O=2Al(OH)_3+3H_2SO_4$

$[\text{土壤胶体}]2H^{+}+K_2SO_4=[\text{土壤胶体}]2K^{+}+H_2SO_4$

可见在酸性土壤中施用这两种肥料，土壤溶液中的 H^+ 浓度迅速升高，加之肥料的生理酸性，均可使土壤 pH 明显降低。因此，在酸性土壤中施用这两种肥料，应配合施用石灰和有机肥料。

硫酸钾适用于多种作物，特别是喜硫作物如油菜、蔬菜、果树等。对于低洼的长年稻田硫酸钾不及氯化钾，易产生反硫化作用（H_2S），引起毒害。硫酸钾比氯化钾价格贵，根据经济状况选用。

(三)钾镁肥和钾钙肥

钾镁肥是制盐工业的副产品,又称卤渣。它是在126℃高温下浓缩苦卤过程中分离出来的盐类,故又称高盐。主要化学成分及含量为:K_2SO_4 33%、$MgSO_4$ 28.7%、NaCl 30.0%。含量不稳定,吸湿性强,所以包装要严密,存于干燥处。可作基肥,但不宜在盐碱地和忌氯作物上施用。

钾钙肥属热制肥料,以钾长石、石灰石、石膏或氯化钠、无烟煤为原料,分别粉碎并通过60~100目筛孔,按1∶2∶0.7∶1的比例,加水制成团,在1 000~1 200 ℃高温下煅烧3~4h,冷却后粉碎而成。钾钙肥是混合物,成分复杂,一般含 K_2O 4.1%,CaO 4.16%,MgO 4.28%,还含有Al、Si、S等营养元素。若用NaCl代替石膏,不宜用于忌氯作物。钾钙肥呈蓝绿色,为碱性肥料,常作基肥,适用于酸性土壤。

(四)草木灰

草木灰是我国农村常用的以含钾为主的农家肥料,是植物残体燃烧后所剩余的残灰。在燃烧过程中,有机质和氮素几乎全部损失,因此草木灰仅含有灰分元素,如K、P、Ca、Mg、S、Si及多种微量元素。其中Ca、K含量较多,P次之,习惯上把草木灰视为钾肥,实际上它是以Ca、K为主,含有多种养分的肥料。

1. 成分和性质

草木灰中钾的形态主要是 K_2CO_3,其次是 K_2SO_4,KCl较少。其中的钾90%是水溶性的,是速效性钾肥。在贮存施用时防止雨淋,以免引起养分损失。由于草木灰含有碳酸钾和大量氧化钙,属碱性肥料,水溶液呈碱性反应。不能与铵态氮肥、腐熟的有机肥料和水溶性的磷肥混合施用,以免引起氮素损失和磷素的退化。草木灰中的磷呈弱酸溶性的钙、镁磷酸盐,对作物也有效。

①草木灰是植物熏烧后的残灰。氮和有机物大多烧失,仅含有灰分元素,如Ca、Mg、Fe和其他微量元素等。其中Ca、K较多,P次之。

②不同植物的灰分含量。一般木灰含Ca、K、P较多,草灰含Si较多,K、P、Ca较少,稻壳灰和煤灰养分最少。

③草木灰中钾的主要形态。以碳酸钾为主,其次是硫酸钾和氯化钾,都是水溶性钾,可为作物直接吸收利用。草木灰中的磷是枸溶性磷,对作物是有效的。

④草木灰呈碱性反应。在酸性土壤上使用不仅能供钾,而且可以降低酸度,并可补充Ca、Mg等元素。

2. 施用

①可作基肥、追肥,也可作盖种肥。追肥时可进行叶面撒施,这样不仅能供应养分,

而且能防止和减轻病虫害的发生和危害。作盖种肥可以保持土壤表面湿度,促苗早发。

②需要注意的是,草木灰是碱性肥料,不能与铵态氮肥、腐熟的有机肥料混合施用,以免造成氨的挥发损失。

草木灰的成分差异很大,影响因素主要有三种。①植物种类。木灰中 K、Ca、P 含量比草灰多,而草灰含 Si 较多。②植物年龄和器官。同种植物,幼嫩组织的灰分含 K、P 较多,衰老组织含 Ca、Si 较多。③燃烧的温度也影响草木灰的颜色和钾的有效性。温度过高炭化彻底,呈灰白色,形成溶解度低的硅酸钾,有效性降低;反之呈黑色,有效性较高。

四、钾肥的合理施用

(一)土壤供钾能力与钾肥肥效

土壤供钾水平是指土壤中速效性钾的含量和缓效性的贮藏量及其释放速度。在供钾水平较低时,钾肥的肥效才能表现出来。速效钾(K_2O)在 83.3 mg/kg 以下,作物表现出缺钾,钾肥效果明显;在 150 mg/kg 以上,一般不表现缺钾,钾肥的效果不明显。

(二)作物需钾特性与钾肥肥效

(1)作物种类对钾的要求

由于钾与碳水化合物代谢关系密切,所以薯类作物、纤维作物、糖料作物需钾较多。油脂是由碳水化合物转变而来的,所以油料作物对钾的需要也较多。

(2)作物不同生育期对钾的需要

一般作物钾的临界期在苗期,因此钾肥一般用于基肥,特别是生育期短的作物。如果基肥、追肥分开施,追肥应在最大需钾期前尽早施入。

(三)肥料配合与钾肥肥效

钾的肥效在氮、磷配合下,才能充分发挥出来。NK 配施时植株体内 K_2O/N 比值增高,而可溶性非蛋白质氮占全氮的比例降低,说明 NK 配合施用可以促进水稻对 N、K 的吸收及其在体内保持一定的平衡,也促进了 N 在体内的转化和蛋白质合成。

(四)气候条件与钾肥肥效

通过土壤暴晒和冻融,可以促进土壤含钾矿物的风化,特别对固定在黏土矿物晶层上的钾的释放有好处,增加了土壤速效钾的含量。如果水分不足会使 K^+ 的活度下降,降低了 K^+ 的扩散。水分过多使通气不良,作物吸钾能力受到抑制。

(五)钾肥种类、施用方法与钾肥肥效

对忌氯作物如薯类、糖用作物、浆果类果树、茶树等,施氯化钾效果不佳,并会影响品质;而对于纤维作物效果较好。硫酸钾适于各种作物,尤其是喜硫植物。盐土上不宜用氯化钾。

宽行作物以条施、穴施或沟施效果较好,窄行作物可以撒施。一般施 K_2O 37.5 ~75 公斤/公顷。

任务五 植物的微量元素营养与微量元素肥料

一、植物的微量元素营养

植物体除需要钾、磷、氮等元素作为养料外,还需要吸收极少量的铁、硼、砷、锰、铜、钴、钼等元素作为养料,这些需要量极少的,但是又是生命活动所必须的元素,叫做微量元素。

(一)微量元素在植物体内的含量、形态与分布(见表6-5)

表6-5 微量元素在植物体内的含量、形态和分布

元素	含量(mg/kg)	形态	分布
锌	25 ~100	离子态	生长点及嫩叶，花粉
硼	2 ~100	硼酯	繁殖器官 > 营养器官
钼	0.1 ~300	离子态	(菜豆)根>茎>叶繁殖器官多
锰	20 ~100	Mn^{2+} 及 Mn^{2+}-蛋白质	茎叶
铜	2 ~20	离子态	根部 > 叶片 >茎秆
铁	100 ~300	离子态	叶片
氯	340 ~1 200	离子态	茎叶

(二)微量元素的生理功能及其失调症状

1.锌

锌以 Zn^{2+} 的形式被植物吸收,在氮素代谢中,锌能很好地改变植物体内有机氮和无机氮的比例,大大提高抗干旱、抗低温的能力,促进枝叶健康生长;锌参与叶绿素生成、防

止叶绿素的降解和形成碳水化合物；锌主要参与生长素的合成，是某些酶（如谷氨酸脱氢酶、乙醇脱氢酶）的活化剂；色氨酸合成需要锌，而色氨酸是合成生长素（IAA）的前体。现在已经知道锌是80种以上酶的成分，例如乙醇脱氢酶、Cu-Zn超氧物歧化酶、碳酸酐酶和RNA聚合酶。

缺锌症状：果树缺锌在我国南北方均有所见，除叶片失绿外，在枝条尖端常出现小叶和簇生现象，称为“小叶病”。严重时枝条死亡，产量下降。在北方常见有苹果树和桃树缺锌，而南方柑桔缺锌现象较普遍。此外，梨、李、杏、樱桃、葡萄等也可能发生缺锌。水稻缺锌表现为“稻缩苗”，玉米缺锌，叶片出现沿中脉的失绿带与红色斑状褪色现象。土壤含锌从每亩几十克到几公斤。细质地土壤通常比砂质土壤含锌高。随着土壤pH升高，锌对植物生长的有效性降低。例如水稻缺锌“矮缩病”、玉米“白苗病”、柑橘“小叶病”、苹果“簇叶病”。

2. 硼

土壤的硼主要以硼酸（H_3BO_3 或 $B(OH)_3$）的形式被植物吸收。它不是植物体内的结构成分，但它对植物的某些重要生理过程有着特殊的影响。硼能参与叶片光合作用中碳水化合物的合成，有利其向根部输送；它还有利于蛋白质的合成、提高豆科作物根瘤菌的固氮活性，增加固氮量；硼还能促进生长素的运转、提高植物的抗逆性。它比较集中于植物的茎尖、根尖、叶片和花器官中，能促进花粉萌发和花粉管的伸长，故而对作物受精有着神奇的影响。

①缺乏症：作物缺硼一个重要的症状是子叶不能正常发育，叶内有大量碳水化合物积累，影响新生组织的形成、生长和发育，并使叶片变厚、叶柄变粗、裂化。植物生长点和幼嫩植物缺硼可造成多种病症，因植物不同而异。但最早的病症之一是根尖不能正常地延长，同时受抑制。在植物体内含硼量最高的部位是花，因此缺硼常表现为甘蓝型油菜“花而不实”，花期延长，结实很差。棉花出现“蕾而无花”、只现蕾不开花。小麦出现“穗而不实”，结实少，籽粒不饱满。花生出现“存壳无仁”等现象。果树缺硼时，结果率低、果实畸形，果肉有木栓化或干枯现象。如油菜“花而不实”、花椰菜“褐心病”、萝卜“黑心病”。

②过多症：油菜“金边叶”。

3. 钼

土壤中钼以钼酸盐（MoO_4^{2-}）和硫化钼（MoS_2）的形式存在。植物对钼的需要量低于其他任何矿质元素，至今仍未明了植物吸收钼的形式以及钼在植物细胞内的变化方式。高等植物的硝酸还原酶和生物固氮作用的固氮酶都是含钼的蛋白，钼肥充足能大大提高固氮能力，提高蛋白质含量。可见钼的生理功能突出表现在氮代谢方面。钼还能促进光合作用的强度以及消除酸性土壤中活性铝在植物体内累积而产生的毒害作用。

作物缺钼的共同表现是植株矮小，生长受抑制，叶片失绿，枯萎以致坏死。豆科作物缺钼，根瘤发育不良，瘤小而少，固氮能力弱或不能固氮，由于豆科作物对钼有特殊的需要，故易发生缺钼现象，为此，钼肥应首先集中施用在豆科作物上。缺钼在酸性土壤的可能性最大，砂质土壤缺钼要比黏质土壤常见。随着土壤 pH 升高，钼的有效性增大。如椰菜、烟草缺钼表现"鞭尾状叶"，豆科缺钼表现"杯状叶"、不结或少结根瘤，柑橘缺钼表现"黄斑叶"。

4. 锰

土壤中的锰以三种氧化态存在（Mn^{2+}、Mn^{3+}、Mn^{4+}），此外还以螯合状态存在。但主要以 Mn^{2+} 的状态被植物吸收。锰对植物的生理作用是多方面的，它能参与光分解，提高植物的呼吸强度，促进碳水化合物的水解；调节体内氧化还原过程；也是许多酶的活化剂，促进氨基酸合成肽键，有利于蛋白质的合成；促进种子萌发和幼苗的早期生长；还能加速萌发和成熟，增加磷和钙的有效性。

失调症：缺锰症状首先出现在幼叶上，缺乏时叶肉失绿，严重时失绿小片扩大，表现为叶脉间黄化，有时出现一系列的黑褐色斑点而停止生长。在高有机质土壤和锰含量较低的中性到碱性 pH 土壤中最常发生。缺锰的水稻叶片（水培）叶脉间断失绿，出现棕褐色小斑点，严重时斑点连成条状，扩大成斑块。如燕麦缺锰表现"灰斑病"、豆类缺锰表现"褐斑病"、甜菜缺锰表现"黄斑病"。

5. 铜

大多数植物的含铜量在 5 ~ 25 mg/kg 干物质，多集中于幼嫩叶片、种子胚中，约有 70% 的铜结合在叶绿体中。铜在植物体内的功能一是多种酶的重要组分如：超氧化物歧化酶、细胞色素氧化酶、酚酶、抗坏血酸氧化酶、胺氧化酶催化氧化脱氨基过程；二是铜与质体兰形成配合物参与光合作用，对色素具有稳定作用；三是参与细胞比的木质化，酚酶和漆酶都参与木质素的合成；四是影响花粉的形成，铜缺乏可导致花粉不育；五是在营养生长期铜影响碳代谢和氮代谢，缺铜可减少叶片和根系中可溶性碳水化合物积累，开花期后，由于成花数量少，导致籽粒灌浆期缩短。

缺铜首先表现在叶片顶端发白，叶片变窄扭曲。繁殖器官发育受阻。铜不足穗不完全发育并出现瘪粒；严重缺铜时，节间生长受抑，分蘖过多，穗和花序不同形成。施氮土壤上，缺铜植物很易倒伏。

生长介质中铜浓度过高可导致多数植物受害。失绿是铜中毒的典型症状，类似铁不足。根系生长受抑制是铜中毒最快的反应。

6. 铁

植物从土壤中主要吸收氧化态的铁。土壤中有三价铁也有二价铁，一般认为二价铁是植物吸收的主要形式。虽然铁在植物中的含量不多，通常为干物重的千分之几，但铁有二个重要功能，一是某些酶和许多传递电子蛋白的重要组成，二是调节叶绿体蛋白和叶绿素的合成。另外铁是氧化还原体系中的血红蛋白（细胞色素和细胞色素氧化酶）和铁硫蛋白的组分。还是许多重要氧化酶如过氧化物酶和过氧化氢酶的组分。铁又是固氮酶中铁蛋白和钼铁蛋白的金属成分，在生物固氮中起作用。铁对植物的光合作用、呼吸作用都有影响，铁虽然不是叶绿素的组成成分，但叶绿素生物合成中的一些酶需要 Fe^{2+} 的参与。铁对叶绿体蛋白如基粒中的结构蛋白的合成起重要作用。

铁进入植物体后即处于固定状态，不易转移，老叶子中的铁不能向新生组织中转移，因而它不能被再度利用，因此缺铁时，下部叶片常能保持绿色，而嫩叶上呈现失绿症。一般认为植物内金属间（例如 Mo，Cu，Mn）的不平衡容易引起缺铁。其他引起缺铁的原因有：①土壤磷过多；②土壤 pH 高、石灰多、冷凉和重碳酸盐含量高的综合结果。如果树缺铁表现“黄叶病”；花卉、蔬菜缺铁表现幼叶脉间失绿、黄化或白化；禾本科植物缺铁表现叶片脉间失绿呈条纹花叶；水稻还表现出亚铁中毒“青铜病”。

7. 氯

氯以 Cl^- 的形式被植物吸收，是一种奇妙的矿质养分。氯的生理作用首先是表现在光合作用中促进水的裂解方面。根需要氯，叶片的细胞分裂也需要氯。氯还是渗透调节的活跃溶质，通过调节气孔的开闭来间接影响光合作用和植物生长。氯有助于钾、钙、镁离子的运输，并通过帮助调节气孔保卫细胞的活动而帮助控制膨压，从而控制了损失水。氯在植物体内的移动性很高，以 Cl^- 的形式被植物吸收，并大部分以此形式存在于植物体内。在植物界已发现有130多种含大量氯的化合物，大多数植物吸收氯的量比实际需要多10～100倍。

氯的不良症状：大多数植物均可从雨水或灌溉水中获得所需要的氯。因此，作物缺氯症难以出现。但氯离子对很多作物有着某种不良的反应，如烟草施用大量含氯的肥料会降低其燃烧性，薯类作物会减少其淀粉的含量，椰子树叶片出现失绿黄斑等。这些现象也是值得关注的。

二、土壤中微量元素状况

我国土壤中有硼、钼、锰、锌、铜、钴、镍、铬、钒、钡、锶、镓和稀土元素等。微量元素含量分布的变化很大，显然与我国自然条件的显著差异和土壤类型很多有关，土壤中微量元素的供给水平受成土母质、土壤类型、土壤物化性状、水分动态等共同影响。

土壤中微量元素主要来源于成土母质、大气中的各种沉降物、火山烟尘，施肥也向土壤输入了一定量的微量元素。施用微量元素肥料是人为加入到土壤中的微量元素的主要来源，其他肥料的施用也会给土壤中带入微量元素，其中以磷肥中的微量元素含量较多,这主要是与磷矿石中所含其他金属杂质有关。有机肥的施用、城市垃圾以及污水污泥都是土壤中微量元素的主要来源。

(一)含量

多少顺序:Fe>Mn>Zn>B>Cu>Mo,影响因素:成土母质、气候条件等。表6-6为全国土壤有效微量元素分级指标。

表6-6 全国土壤有效微量元素分级指标(mg/kg)

分级	极低	低	中等	高	极高	提取剂
有效锌	<0.3	0.3~0.5	0.5~1.0	1.0~3.0	>3.0	DTPA 液
有效铜	<0.1	0.1~0.2	0.2~1.0	1.0~1.8	>1.8	DTPA 液
有效锰	<1	1~5	5-15	15~30	>30	DTPA 液
有效铁	<2.5	2.5~4.5	4.5~10	10~20	>20	DTPA 液

(二)形态与转化

1. 矿物态,水溶态,交换态互相转换。

2. 有效态,吸附态。

3. 影响微量元素有效性的因素。

(1)土壤 pH

土壤 pH 对微量元素的影响,主要与它们在土壤中的溶解性有关。一般情况下,酸性土壤锌的有效性较高,而碱性土壤锌的有效性较低。植物缺锌多发生在 pH>6.5 的土壤上。在石灰性土壤上,不仅土壤中含锌化合物的溶解性低,而且过多的碳酸钙对锌有较强的吸附和固定作用。土壤中铁、铜、锰等微量元素的有效态含量也均随土壤 pH 的升高而降低。

土壤 pH 不但与土壤母质及降水酸碱度有关,还与植物根系的活动有关,根系活动能活化根际中的微量元素,促进其生物有效性,刑光熹等研究认为 pH 为3.0时铁以高价态与胡敏酸形成稳定络合物,pH 为1.0时才有相当数量的 Fe^{3+} 被还原,衡量铁的可给性时应以 pE-pH 表示。

土壤偏酸 Fe、Mn、Zn、Cu、B 有效性较高,土壤中偏碱 Mo 有效性较高。

(2)土壤有机质

土壤有机质对已知的以各种稳定络合物存在于土壤和水中的锌、铜、锰、铁离子的积累和运输及其对植物根系供应有重要影响。土壤中的有机物质和生物残体都含有一定数量的微量元素,因此,一般情况下,土壤中这些元素有效态含量随有机质含量的增加而增加,但由于土壤有机质对它们的络合固定作用,过多的有机质可能降低生物有效性。

土壤腐殖酸含有多种官能团如羧基、酚羟基等,具有很高的反应活性,通过缓冲作用、络合螯合作用,土壤有机质对环境中金属离子具有强烈结合能力,在环境中微量元素的迁移、转化和生物有效性方面起着十分重要的调控作用,李光林研究腐殖酸对铜的吸附与解吸规律发现,FA 比 HA 不仅能结合更多的离子态铜,且结合后更易释放出来,从而对生物的有效性更大,可见,所形成络合物的稳定性也不相同,金属-有机络合物的稳定性与有机物质的类型及聚合程度有关,刘志光认为土壤中的铁、锰氧化物颗粒或包膜可以被植物残体分解的某些有机物质所还原、络合和溶解,从而增加了铁和锰的活性和生物有效性。

最近又有人提出,土壤中活性较高的有机质部分对金属元素环境化学行为的影响研究表明,土壤中的水溶性有机质具有更多的活性点位,同时,由于其具有水溶性的特点,被认为是陆地生态系统中一种重要的、活跃的化学组分。现在主要的研究热点集中在其对土壤灰化作用和致酸离子(Al、Fe)淋溶的影响,在灰化土剖面表层(5 ~ 20 cm)的渗滤水中,可溶性铝与 DOM 浓度呈正相关,而且灰化土表层中大部分铝以有机态存在,许多研究者认为森林土壤的枯枝落叶层降解产生的腐殖质包含亲水性有机质、疏水性酸和碱以及包含大量单宁的多酚类物质,这类物质可参与土壤矿物中的铝、铁的吸收和溶解。

(3)土壤水分、微生物和 Eh

土壤水分条件的改变将导致土壤氧化还原电位、pH、通气性及各种离子的变化,并因此对土壤微量元素的有效性产生明显影响。一方面,淹水引起土壤 pH 的变化,影响这些元素在土壤中的有效性,酸性土壤淹水后 pH 值升高,土壤溶液中的有效态锌和铁浓度降低,而碱性土壤淹水后土壤 pH 值降低,植物对它们的吸收增加;另外,土壤淹水时 Eh 降低,还原作用加强,高价铁锰化合物被还原为低价化合物,溶解度增大,铁和锰的有效性增加,同时铁锰氧化物所包被的锌和铜等其他元素也被大量的释放出来。但另一方面,虽然淹水时闭合在三氧化物中的锌和铜由于铁锰氧化物的还原而被释放出来,但又被新形成的无定形氧化物所吸附和包被,而且淹水时有机质分解缓慢,不利于有机质结合态铜的释放。

根际微生物与金属离子具有较强的亲和性,微生物的分泌物可与金属离子发生络合作用,通过微生物的代谢过程,这些离子可被沉淀或螯合在可溶或不溶性生物多聚物上。因此微生物的活动也造成了根基环境中的氧化还原电势与溶解氧水平不同于非根际,可使一些土壤中的变价金属如铁、锰、铬等元素发生氧化还原反应,由于不同价态离子的生理生态作用不同,研究变价金属离子在根际环境中的氧化还原反应显得尤为重要。

(4)土壤的吸附作用

土壤对锌和铜的吸附作用是制约土壤溶液中锌和铜的浓度和有效性的重要因素。产生吸附作用的主要组分有黏粒矿物、有机质、水合氧化物、碳酸盐等。黏粒矿物对微量元素的吸附能力大小为蛭石>镁黏土>白云母>黑云母>斑脱石>高岭石。

土壤有机质具有较多的含氧功能团,包括羧基—COOH、酚(—OH)和各种类型的C ═O基,这些功能团对锌、铜、锰等有较强的配合能力。

铁锰(铝)氧化物的吸附:锌和铜可以被铁锰氧化物包被或共沉淀。氧化物对锌和铜的吸附作用有专性吸附和非专性吸附,专性吸附机制使锌和铜被不可逆地结合到铁或铝氧化物的表面,会使其被固定而对植物无效。随 pH 值的增加,铁和铝氧化物对锌的吸附作用显著增加。

碳酸钙的吸附:土壤中的碳酸钙对锌和铜的吸附主要是形成溶解度较小的氢氧化物或碳酸盐,这被认为是造成石灰性土壤和碱性土壤中锌和铜有效性低的原因之一。主要是由于石灰性土壤中碳酸盐大多和黏粒相结合,锌和铜很可能是沉淀或覆盖在碳酸盐黏粒表面。此外,锌和铜也能进入碳酸盐胶体双电层的内层中,不易被其他离子代换和被植物利用。

(5)营养元素间的相互作用

土壤营养元素之间存在复杂的相互关系,土壤中磷锌相互作用的研究进行得最多。一般认为,施磷加强了土壤中氧化物等组分对锌的吸附作用,而且磷酸盐与土壤中的锌反应生成磷酸锌沉淀,降低了锌的有效性。锌往往对植物吸收铜有竞争性抑制作用,在水培条件下锌和铜均以离子形式存在,而在土培条件下,它们多以复合物形式存在,且铜更易于形成复合物,铜锌共施条件下,锌肥抑制植物对铜的吸收。

植物体中的锌与铁也存在拮抗作用,研究表明,锌的供给水平很低时,植物叶片中有较高含量的铁,当锌的供给水平提高时,叶片中的铁含量下降。试验证明,锌比铜、锰、钾、钙、镁更能影响植物对铁的吸收和向地上部运移。

(6)其他因素

土壤物理性状不良及土壤温度较低时,植物根系不能很好地发育,微生物活动变弱,有机质分解缓慢,不足以释放出足够数量的微量元素,也会使植物表现出缺素症状。土壤盐分对土壤中锌的有效性及作物锌营养和施锌效果都有负影响。

(三)可能缺素的土壤

北方石灰性土或酸性土施用过量石灰时可能缺 Fe/Mn/Zn/Cu;有效硼低的土壤可能缺 B;南方酸性红壤地区可能缺 Mo;有机质含量高的土壤可能缺 Cu。

三、微量元素的营养诊断

施用微肥要有的放矢、恰如其分,如果盲目地、大量地施用,不仅无益反而有害,对作物产生毒害作用。为了合理施用,必须根据微量元素对不同作物的不同效果,有针对性地选用,同时应了解作物缺乏的是哪种微量元素,需要补充的量是多少,进而选择适当施用时间和方法。微量元素的营养诊断的目的,就是为了明确土壤中供给情况和农作物对微量元素的需要情况,以便及时地合理地施用微肥,使农作物获得高产和提高产品的质量,所以微量元素营养诊断是施用微肥不可缺少的技术工作。

1. 外形诊断

根据症状出现的部位,叶片的大小和形状,叶片失绿的部位诊断。

2. 根外喷施诊断

外形诊断不能确诊时采用根外喷施诊断的方法,要注意浓度和次数。

3. 化学诊断

土壤诊断和植株化学诊断。

四、微量元素肥料的种类与施用

(一)微量元素肥料的种类和性质

1. 按元素种类分

硼肥、锌肥、钼肥、锰肥、铜肥、铁肥、含氯肥料。

2. 按化合物类型分

纯化学药品:易溶,易被氧化和被吸附固定,多喷施;

有机螯合物:水溶,不易氧化,效果好;

玻璃肥料:溶解度小;

缓效性复合或混合肥料:养分均衡,施用方便;

矿渣或废渣:难溶,缓效性,作基肥。

(二)微量元素肥料的施用方法

1. 施用方法

(1)基肥:如玻璃肥料、矿渣,多与有机肥混合匀施。

(2)种肥: Zn 、Mo 、Mn 、Cu。

①拌种;②浸种;③蘸秧根。

(3)追肥:B、Zn、Mo、Mn、Fe、Cu。

①叶面喷施。

②涂刷、注射等。

2. 合理施用的注意事项

(1)土壤的供应状况;

(2)植物的需求特性；

(3)天气状况；

(4)与其他营养元素的关系；

(5)微量元素与健康。

任务六 复混肥料及其他肥料

简介复混肥料的意义及发展方向,重点介绍常见复混肥料的种类及施用方法及复合肥料的配制。

一、复合肥料及其发展方向

(一)复混肥料概述

1. 定义

同时含有 N、P、K 三要素中的任何两种或两种以上氮磷钾主要营养元素的化肥。

2. 分类

按制造方法可以分为:

(1)化合复合肥料:采用一定的工艺流程和化学反应而制得的复合肥料。

(2)混合肥料:将几种单质肥料机械地混合在一起而形成的复合肥料。

①混合复合肥料。

②掺合复合肥料。

按所含元素可分为二元、三元及多元复混肥料。

3. 复合肥料的表示方法

(1)分析式: $N - P_2O_5 - K_2O$ 的含量百分数表示。

(2)配合式: $N : P_2O_5 : K_2O$。

4. 分级标准(见表 6-7)

表 6-7 分级标准

总有效养分	含量	级别
三元	> 40%	高浓度复混肥料
三元	≥ 30%	中浓度复混肥料
三元	≥ 25%	低浓度复混肥料
二元	≥ 20%	低浓度复混肥料

(1)复合肥料的优越性

①养分含量高、副成分少。

②含有 N 、P 、K 三要素(或还有其他成分)。

③肥料的理化性状得到了改善。

④肥料的生产、储存、运输、施用的费用省。

⑤可将科学施肥的道理寓于肥料的生产和施用之中。

(2)复合肥料的缺点

①养分的组成固定。

②难于满足不同作物、同一作物的不同生育期对养分的不同需求。

③难以满足不同养分对施肥技术的要求,在肥料资源有限的情况下,难以发挥有限肥料的最大增产效益。

(二)复合肥料的简况及发展方向

世界:始于20世纪20年代,目前一些发达国家约占化肥消费总量的70%。

我国:始于20世纪70年代,目前约占化肥消费总量的20%。

复合肥料的发展趋势:2004年以来,中共中央、国务院连续出台八个指导“三农”工作的中央一号文件,有力地促进了农民增产增收,提高了农业综合生产能力,农业发展机遇为复合肥行业发展提供了良好的基础,见图6-1。

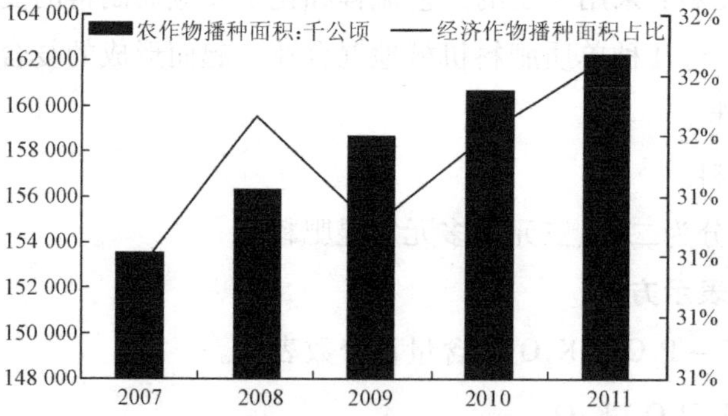

图6-1　农作物播种面积变化趋势　单位:千公顷

复合肥行业整合是必然的发展趋势。由于行业进入壁垒低,导致了复合肥行业较为分散,复合肥企业普遍规模较小,截至2009年末,国家质量监督检验检疫总局颁发生产许可证的复合肥生产企业达到4 400多家,总产能约为2亿吨(实物产能),平均产能利用率为21%,产能严重过剩。在4 400多家复合肥生产企业中,产能在30万吨以下的小型企业占95%以上,且该类企业中,只生产中低浓度复混(合)肥的企业至少有 2 600 家，这些企业基本上生产复混肥，生产简陋，开工率非常低，随着复合肥行业的发展、竞争的加剧，以及复合肥本身具备的农业快速消费品的特征，行业整合是必然的发展趋势。

复合肥行业已经进入质量、品牌、资金、技术、服务等综合实力的竞争阶段，品牌、渠道是竞争制胜的关键。在化肥中，氮肥、磷肥、钾肥产品质量标准明确，市场相对规范，产品同质化，品牌不是很重要，而复合肥由于产品差异化、种类繁多，市场较为混乱，不乏伪劣产品，农民只能通过品牌辨认产品，复合肥反而因此在长时间里形成了品牌价值。具备品牌优势及地域扩张能力的复合肥行业龙头企业将在行业整合中受益。

我国幅员辽阔，各地区土壤状况、作物品种差异较大，此外，运输成本在企业的销售费用中占据了较大比例，复合肥行业的经济销售半径约为 500 km，远距离的运输不仅降低产品性价比，而且在运力紧张的时候，面临不能及时把货物运输到市场的风险，因此龙头企业在化肥消费大省设厂则是提高市场占有率的有效途径，拥有品牌和营销渠道的大型复合企业可通过复制生产营销模式，迅速占领市场，竞争优势突出。做到四化：高效化、复合化、液体化、缓效化。

二、复合肥料的种类和施用

（一）磷酸铵系复合肥

1. 磷酸铵

成分：磷酸一铵和磷酸二铵的混合物，含 N 14% ~18%，有效成分 P_2O_5 46% ~52%。

性质：灰色粉末或灰白颗粒，吸湿性小，水溶性，化学中性。

施用：适合各种土壤和作物（尤其是需磷较多的），可作基肥、种肥和追肥，也适合作其他复肥的原料。

2. 偏磷酸铵

成分：NH_4PO_3，含磷（P_2O_5）70% ~73%，含氮 17% 左右，一种高浓度的磷氮复合肥料。

性质：白色粉末，溶于水，稍有吸湿性，不结块。

施用：既可作基肥也可作追肥，当施入土壤后，能逐渐释放出供作物生长所吸收的氮素和磷素，肥效持久，成效良好。

3. 磷酸二氢钾

成分：KH_2PO_4。

性质：白色结晶，易溶于水，化学酸性。

施用:适宜各种土壤、作物,多作根外喷施(0.1~0.3%)或浸种(0.2%)。

4. 氨化过磷酸钙

成分:其主要成分为$NH_4H_2PO_4$、$CaHPO_4$和$(NH_4)_2SO_4$,含N 2%~3%,P_2O_5 13%~15%。

性质:干燥、疏松,能溶于水(磷为弱酸溶性),不含游离酸,没有腐蚀性,吸湿性和结块性都弱,物理性状好,性质比较稳定。

施用:氨化过磷酸钙的肥效稍好于过磷酸钙,适合于各类作物,在酸性土壤上施用效果最好,注意不得与碱性物质混合,以防氨的挥发和磷的退化。因含氮量低,故应配施其他氮肥,其施用方法同过磷酸钙相同。

(二)硝酸磷肥系复合肥

1. 硝酸磷肥

成分:因加工方法而异(氮素主要为硝态氮)。

性质:吸湿性强。

施用:可作基肥、种肥和追肥,宜北方旱地

2. 硝酸钾

成分:KNO_3,含N 12%~15%,有效成分K_2O 45%~60%。

性质:白色结晶,吸湿性小,易溶于水。

施用:适于忌氯喜钾作物,如烟草、葡萄等,宜作浸种(0.2%)和根外追肥(0.6%~1.0%),无土栽培中作氮源和钾源。

三、混合肥料

1. 混合肥料的剂型

①粉状掺合肥料;

②粒状掺合肥料(粒状掺合肥料,Bulk Blending,BB肥);

③粉肥混合造粒;

④料浆混合造粒;

⑤液体或悬液混合肥料。

2. 混合肥料的品种(多为三元复混肥)

①尿磷钾肥;

②铵磷钾肥;

③硝磷钾肥。

3. 混合肥料的配制

(1)肥料混合的原则

①混合后物理性状不能变坏。

②混合时肥料养分不能损失或退化。

③有利于提高肥效和施肥功效。

(2)肥料及填料的配比计算

取得混合肥料配方后,生产 1 t 混合肥料时需配入选原料各多少,常有两种计算方法。现举例说明:

①欲配制 1 t 8-10-4 的混合肥料。现选用硫酸铵(含 N 20%)、过磷酸钙(含 P_2O_5 20%)氯化钾(含 K_2O 60%)进行配制时,每种肥料各需多少用量,可以用下面的公式算出:

$$m=\frac{m_0 w_1}{w_2}$$

式中:m——所需某种肥料的质量(kg);

m_0——配制肥料的质量(kg);

w_1——混合肥料中含 N、P_2O_5、K_2O 有效养分的含量(%);

w_2——某种肥料中有效养分含量(%)。

$$\text{硫酸铵用量}=\frac{1\ 000\times 8}{20}=400\ \text{kg}$$

$$\text{过磷酸钙用量}=\frac{1\ 000\times 10}{20}=500\ \text{kg}$$

$$\text{氯化钾用量}=\frac{1\ 000\times 4}{60}=66.7\ \text{kg}$$

三者相加共为 966.7 kg,其余 33.3 kg 可添加填充料,凑成 1 t 混合肥料。填充料一般可选用磷矿粉、石灰氮、泥炭等物质。

②欲配制 1 t N ∶P_2O_5 ∶K_2O 比例为 1 ∶1 ∶1 的混合肥料。现选用原料肥料为尿素(含 N 46%)、磷酸一铵(含 N 12%、$P_2O_5$52%)、氯化钾(含 K_2O 60%)进行配制时,各需原料肥料多少吨,可采用解析法。

设立求解公式:

ⅰ混合肥料中养分比例为:N ∶P_2O_5 ∶K_2O = A ∶B ∶C;

ⅱ各养分在混合肥料中百分比含量为 a、b、c;

ⅲ三种肥料中养分百分比含量分别为:a_1、b_1、c_1;a_2、b_2、c_2;a_3、b_3、c_3;

ⅳ设组成混合肥料中各个原料肥料的加入量(百分比含量)分别为 x、y、z;

ⅴ求解 a、b、c,x、y、z 为未知数,可建立 6 个方程式:

vi则比例中：$a= a_1\frac{x}{100}\times+ a_2\times\frac{y}{100}+a_3\times\frac{z}{100}$

$b=b_1\times\frac{x}{100}+b_2\times\frac{y}{100}+b_3\times\frac{z}{100}$

$c=c_1\times\frac{x}{100}+c_2\times\frac{y}{100}+c_3\times\frac{z}{100}$

$\frac{a}{b}=\frac{A}{B}$

$\frac{a}{c}=\frac{A}{C}$

$X+y+z=100$

$A=1,B=1,C=1$；$a_1=46$、$b_1=0$、$c_1=0$；$a_2=12$、$b_2=52$、$c_2=0$；$a_3=0$、$b_3=0$、$c_3=60$，代入上述 6 个方程式中，可求得：$a=b=c=19$，即分析式为 19-19-19。

制取 1 ∶1 ∶1 混合肥料 100 份所需原料肥料，尿素 $x=31.78$ 份，磷酸一铵 $y=36.55$ 份，氯化钾 $z=31.67$ 份，则 1 t 混合肥料需尿素 317.8 kg、磷酸一铵 365.5 kg、氯化钾 316.7 kg。

(3)配制方法(加工工艺)

肥料粉碎 → 过筛 → 配制 → 拌匀、造粒 → 干燥、冷却 → 过筛 → 装袋。

任务七　肥料管理

一、肥料的混合

在农业生产中，人们除单施某种肥料外，为了减少施肥次数，节省劳力，降低施肥成本，发挥养分之间的促进作用，还往往把两种或两种以上肥料混合起来，或与农药混合起来施用，可肥料加工厂混合，也可农户自混自用。

(一)肥料与肥料的混合

1. 肥料混合的原则

①不会造成养分损失或有效性降低。

②不会产生不良的物理性状。

③有利于提高肥效和工效。

2. 化学肥料之间的混合

混合分三种情况：

(1)可以混合

不但不会造成养分损失或有效性降低,也不会产生不良的物理性状、降低肥效和工效,甚至能够改善肥料的物理性状,使施用更加方便。如硫酸铵、硝酸铵、磷矿粉;硝酸铵与氯化钾;硫酸铵、氨水与过磷酸钙;氯化铵与氯化钾;尿素与硝酸钙、氯化铵、硫酸镁等都可混合。

如硝酸钙与氧化钾混合后发生如下反应,反应生产的氧化铵、硝酸钾的吸湿性弱,从而使肥料混合物理性状得到改善,施用方便,而肥效没有降低。

$NH_4NO_3+KCl \rightarrow NH_4Cl+KNO_3$

(2)可以暂混

混合后立即施用不致产生不良影响,但存放时间较长则易引起肥料物理性状变化或肥效变差。如过磷酸钙与硝态氮肥,尿素与硝酸铵,尿素与氯化钾,石灰氮与氯化钾,钢渣磷肥与硝酸钾等。

①硝态氮肥与过磷酸钙:混后放置过程中会引起潮角,肥料物理性质恶化,施用难度增大,且会引起硝态氮逐步分解,造成氮素损失。

$2NaNO_3+Ca(H_2PO_4)_2 \cdot H_2O \rightarrow CaNa(HPO_4)_2 \downarrow +N_2O_5+H_2O$

若在 $Ca(H_2PO_4)_2 \cdot H_2O$ 中先加入少量的磷矿粉或骨粉或碳酸氢铵,中和其游离酸,然后再混合,就不会再发生潮解,也不会很快引起化学变化。所以这两种肥料可暂时混合,但不易久放。

②尿素与氯化钾:不会降低肥效但物理性状变差,吸湿结块。混合后应马上施用。

(3)不可混合

混合后养分损失、肥效降低的不可混合。如铵态氮肥与碱性肥料;碱性肥料与过磷酸钙;硝态氮肥与窑灰钾肥等不可混合。

铵态氮肥与碱性肥料:硫酸铵与碳酸氢铵混合引起氨损失。

$(NH_4)_2SO_4+CaO \rightarrow 2NH_3 \uparrow +CaSO_4+H_2O$

3. 化肥与有机肥料混合

化肥与有机肥料的混合分可混和不可混。

(1)可混

过磷酸钙、磷矿粉、钙镁磷肥与堆肥、厩肥混合,可减少土壤对水溶性磷的固定,促进难溶性磷分解、释放有效磷,提高磷肥肥效。

如新鲜厩肥与铵态氮肥、钾肥;堆沤肥与钢渣磷肥、沉淀磷肥;人粪尿与少量过磷酸钙;泥炭与石灰氮、草木灰等可混。

(2)不可混

如一些碱性肥料草木灰、石灰氮、钙镁磷肥与腐熟的有机肥堆肥、厩肥等混合沤制,

硝态氮易变成 N_2O_5 损失。

(二)肥料与农药的混合

1. 原则

①不因混合降低肥效和药效。

②对作物无毒副作用。

③理化性质稳定。

④施用时间和方法应当一致。

肥料多与除草剂混合,杀虫剂次之,杀菌剂最少。

2. 肥料与除草剂混合

(1)肥料可影响除草剂的除草效果

除草剂与肥料混用能够提高除草剂的功效。

①混用后,使除草剂分布更均匀,增加对杂草的杀伤机会,除草效果更佳。

②混用后,肥料能够促进植物对除草剂的吸收。

③混用后,化肥能影响除草剂的杀草机制。

(2)除草剂也能影响化肥肥效

多数除草剂能增加土壤中的有效氮,其原因是除草剂有毒性,能抑制土壤微生物活动。扑草净能明显抑制硝化作用和反硝化作用,减少氮的损失。

3. 肥料与杀虫剂、杀菌剂混合

与肥料混合的杀虫剂主要是防止地下害虫的农药,如过磷酸钙与氯丹、七氯、艾氏剂等;有机氯杀虫剂与化肥配成液体可进行叶面喷施,可起到杀虫和根外追肥作用。

肥料与杀菌剂混合,如代森锰与尿素、硫酸锰混合喷在番茄上,既可防病,又能起到根外追肥作用。

肥料还可与植物生长调节剂混用。

4. 肥料与农药的混用方法

(1)农药和化肥都是固体且都施于土壤,可将二者直接混拌,撒施地表翻耕入土。

①如果药剂为可湿性粉剂,可用少量水把肥料表面拌湿,然后加药充分拌匀。

②如果药剂为乳油型或水剂型,可直接倒在肥料上混拌。

能与某些农药混用的化肥有尿素、硫酸铵、过磷酸钙、氯化钾和氮磷钾复合肥。

(2)进行叶面喷施时,乳油、水剂或可湿性粉剂可与化肥配成水溶液、水乳液或水悬液,进行叶面喷施。可用此法的肥料主要有:尿素、硫酸铵、硝酸铵、磷酸二氢钾等。

5. 肥料与农药混合的注意事项

(1)碱性农药不宜与铵态氮肥和水溶性磷肥混合施用。

(2)碱性肥料不能与有机磷等混合施用。

(3)有机肥料不能与除草剂混合施用。

(4)自制混剂时,应预先做混合试验,如无不良变化方可混用。

(5)液体混剂以现用现混为好,混后不宜久放。

(6)最好选用比较成熟的混合类型,避免滥用,造成危害。

二、化学肥料的运输和贮存

了解化肥特性,合理运输和贮存,避免造成不必要的损失或中毒、爆炸、燃烧等。

(一)液化肥料的贮存和运输

如,氨水:挥发性强,有腐蚀性和渗漏性。做好防挥发、防腐蚀、防渗漏,以免损失养分,产生危险。

氨水的运输:密封性容器运输。

氨水的贮存:容器法。贮存场所应背风、阴凉。

(二)固体肥料的贮存和运输

1. 固体肥料的运输

(1)选择运输路线:尽量采用直达运输。

(2)选择运输工具:车身干燥、板面平整、没有钉、大桩的设备,以防车辆运输途径中损坏包装。

注意事项:

①任何化肥最好专车专船,不要与食物混存,以免引起食物中毒,尤其是石灰氮。

②要防止日晒雨淋。

②要注意防热、隔离火源,特别是易燃易爆品种如硝酸铵。

④运输腐蚀性强的化肥,在加盖苫布时,要在化肥上铺放稻草等隔离物。

⑤在装卸时要轻拿轻放,防止包装破损,及时修补或更换。

2. 固体化肥的贮存

(1)贮存化肥的环境条件

防潮解和结块,应环境干燥阴凉。仓库地势干燥、交通方便,不漏雨;门窗严密;地面防回潮;注意能通风。

(2)固体化肥的贮存方法

①包装化肥的堆码方法:“一套二”、“二套三”、“三套四”。

②散装化肥的贮存:专仓或分堆贮存。

③贮存化肥的管理:做好防潮、防热、防毒、防挥发和防腐蚀的“五防”工作。

仓库内温度以低于30℃,相对湿度60% ~70%为宜。

保管人员在搬运、堆码、换包、翻堆转垛时,做好自身防护,对处理易燃易爆化肥不要吸烟、重摔猛击。

项目七

有机肥料

【任务】

1. 掌握有机肥的特点、作用种类及在农业生产中的作用;

2. 掌握粪尿肥、厩肥贮存管理及合理施用的方法;

3. 掌握堆、沤肥的施用技术与秸秆还田技术;

4. 掌握绿肥的作用、特点及合理利用等知识。

【能力目标】

1. 能简单描述有机肥的特点、作用种类;

2. 能正确指出粪尿肥、厩肥贮存管理及合理施用的方法;

3. 能指出堆、沤肥的施用技术与秸秆还田技术要点;

4. 能简单描述绿肥的作用、特点及合理利用技术要点。

【任务分析】

每4~5人为一个学习组,由一人负责,统筹安排查阅资料并整理,学习组一起讨论,围绕有机肥的特点、作用种类;粪尿肥、厩肥贮存管理及合理施用的方法;堆、沤肥的施用技术与秸秆还田技术要点;绿肥的作用、特点及合理利用技术要点制作汇报材料,期间提出存在的疑问,教师引导答疑。

【工作过程】

1. 资料查阅

学习组成员根据给定的工作任务在图书馆、互联网上搜索各种有机肥的特点、作用种类;粪尿肥、厩肥贮存管理及合理施用的方法;堆、沤肥的施用技术与秸秆还田技术要点;绿肥的作用、特点及合理利用技术要点并整理。

2. 资料汇总,制作汇报材料

(1)将所搜集的材料按照类别进行汇总;

(2)指导学生使用相关资料,总结有机肥的特点、作用种类;粪尿肥、厩肥贮存管理及合理施用的方法;堆、沤肥的施用技术与秸秆还田技术要点;绿肥的作用、特点及合理利用技术要点,制作完成汇报材料。

3. 汇报,交流

组织各组进行汇报,提问、交流。

任务一 认识有机肥料

一、有机肥料的特点

有机肥料是农村中利用各种有机物质,就地积制或直接耕埋施用的一类自然肥料,习惯上也称作农家肥料。有机肥料来源广泛,品种繁多,大致可归纳为粪尿肥、堆沤肥、绿肥和杂肥四大类。有机肥料有以下几个特点:

1. 养分全面

有机肥料除含有氮、磷、钾三要素外,还含有钙、镁、硫、铁、微量元素及生长刺激素等物质。它还能活化土壤中的潜在养分,增强微生物的活性,促进营养元素转化。

2. 肥效稳而长

各种有机物质需经微生物的分解转化,才能被作物吸收利用。因此,有机肥料的肥效供应平缓且持续时间长,又称迟效性肥料。

3. 有机肥料施用量大

有机肥料体积大,养分含量较低,施肥数量大,运输和施用耗费劳力多,应注意提高有机肥料的质量。

二、有机肥料的作用

①营养作物,肥效全面。有机物质的矿质化分解是作物养分的主要来源,施用有机肥料能全面增加土壤中有效养分。此外,有机物质分解释放的二氧化碳,能促进作物的光合作用,有利于提高作物产量。

②培肥土壤。有机肥料经微生物作用,有一部分形成腐殖质,它能促进土壤团粒结构的形成,提高土壤保水保肥性能,改善土壤耕性和提高土壤温度。

③提高土壤养分的有效性。有机肥料在转化过程中产生的有机酸,能溶解提高磷肥的有效性。

④有机肥料能刺激作物生长发育。有机肥料在转化过程中,形成胡敏酸、富里酸、维生素、生物碱、酶等物质,可刺激作物生长,改善作物营养状况。

概括起来,有机肥料是作物养分的仓库,有巨大的保肥能力,活化土壤中潜在养分,改良土壤性质,培肥土壤,这些是化学肥料所不具备的。因此,各地应充分利用自然条件,广辟肥源,增加有机肥料数量、并注意改进积肥、保肥措施,提高肥料质量。

近年来,长期施用过量化肥对土壤、作物和人类健康的危害日益严重,应注意有机肥料与化学肥料配合施用,可以相互取长补短,充分发挥肥效。

凡以有机物质作为肥料的均称为有机肥料。通常所说的有机肥料主要指农村中的就地取材、就地积制、就地施用的一切自然肥料,所以又叫农家肥。

有机肥料来源极为广泛,品种繁多,几乎是土壤养分的唯一来源。我国有机肥料的总量达 18 ~ 24 亿吨 / 年,其中含氮 700 多万吨、五氧化二磷 500 多万吨、氧化钾 1 000 多万吨,相当于我国化肥产量氮肥的 1/3 、磷肥的 2 倍、钾肥的 50 倍,有机肥料在农业可持续发展中具有重要地位。表 7-1 为几种有机肥的一般用量和增产效果。

表 7-1 几种有机肥一般用量和增产效果

品种	施用量(kg/亩)	增产(kg/亩)
绿肥(鲜)	1 000 ~ 1 250	60 ~ 80
秸秆(干)	150 ~ 200	30 ~ 50
粪尿肥	1 000 ~ 1 200	50 ~ 60
厩肥	1 000 ~ 1 500	40 ~ 50
饼肥	50 ~ 75	30 ~ 40
土杂肥	2 000	20 ~ 30

三、有机肥料种类

有机肥的分类没有统一的标准,更没有严格的分类系统。目前主要根据有机肥的来源,特性与积制方法来分类。

有机肥料一般分为以下几类:

1. 粪尿肥

主要包括人粪尿、畜粪尿、禽粪、厩肥、蚕沙、海鸟粪等 ,含有丰富的有机质和多种养分,对培养地力有明显的作用。

2. 堆沤肥

主要包括秸秆还田、堆肥、沤肥和沼气池肥等,我国秸秆还田率较高,每年用作有机肥的秸秆就有 1.3 亿多吨,约可提供氮素 66 万吨,钾素 99 万吨。秸秆还是堆、沤肥和家畜垫圈的重要原料。

3. 绿肥

主要包括野生绿肥和栽培绿肥，建国以来，我国绿肥种植面积逐年扩大，1976 年达到 0.12 亿公顷，以后逐年下降，1990 年略有回升，为 0.08 亿公顷。目前我国多以种植饲料绿肥为主，直接翻耕的绿肥较少。

4. 杂肥

城市垃圾、泥土肥、草木灰、草炭、腐殖酸类肥料、油粕类肥料、污水污泥等。随着城镇人口的增多，和农副产品加工业的增多，杂肥在生产中占的地位越来越重要，尤其是垃圾肥，可以变废为宝。

四、有机肥料在农业生产中的作用

有机肥料的施用，在农业生产中具有以下作用：

1. 有机肥料是作物矿质营养的仓库

有机肥料含各种植物生长发育必需的各种营养元素，特别是微量元素，这些养分在土壤中可形成土壤“养分仓库”，逐渐分解时能长时间的供给植物矿质养分、有机养分、二氧化碳等。

2. 改善土壤理化性状

(1)改善土壤结构

有机肥在腐解过程中，产生一些羟基一类的配位体，与土壤黏粒表面或氢氧聚合物表面的多价金属离子结合，形成团聚体，加上有机肥的密度一般比土壤小，施入有机肥后能降低土壤容重，改善土壤通气状况，使耕性变好。

(2)增加土壤持水量

土壤矿物颗粒的吸水量最高为 50% ~60%，腐殖质的吸水量为 400% ~600%，因此，土壤持水量增加 10 倍。

(3)改善土壤热量状况

有机质保水能力强，比热比较大，导热性小，颜色深，比较容易吸收热量，调温性好。

(4)提高土壤阳离子交换量

由于有机肥在土壤溶液中的离子为氢离子，具有很强的阳离子交换能力，能增强土壤溶液的缓冲性能。

(5)降低土壤对磷的吸附，提高土壤磷的解吸能力

有机肥分解中产生腐殖酸增强了磷的溶解性能，而且腐殖酸与土壤中的各种阳离子生成腐殖酸盐，腐殖酸与腐殖酸盐形成一种缓冲溶液，对酸碱具有缓冲能力，从而为作物正常生长发育创造良好的土壤条件。

3. 减轻或防止土壤浸蚀

施用有机肥能改善土壤结构、增加土壤持水量,可有效防止水土流失,从而减轻土壤侵蚀。

4. 减轻环境污染,美化净化环境

有机肥能提高土壤阳离子交换量,增强对镉的吸附。有机质分解的产物还可以和土壤中的有毒物质形成可溶性的络和物,可随水渗透或排出农田。提高了土壤自净能力。

5. 提高土壤的生物活性和生化活性

有机肥中酶的活性特别高,施用有机肥,有利于土壤微生物活动,促进作物生长发育,还能营养植物。

6. 缓和能源和资源紧张的矛盾

施用有机肥可以减少化肥的用量,从而减少了化学物质原料的用量,节约了化工原料,缓解了原料和资源的矛盾。

任务二　粪尿肥和厩肥

一、人粪尿

人粪尿来源广、数量多,其特点是养分含量高、腐熟快、肥效好而迅速,适用于多种作物,特别是对叶菜类、桑、麻等需氮较多的作物。群众常称之为“精肥”、“细肥”。

人粪尿所含的养分易挥发或流失,同时含有多种病菌和寄生虫卵、易传播疾病。因此,合理贮存人类尿和对其进行无害化处理,是利用好人粪尿的关键。

1. 成分与性质

人粪是食物经消化后未被吸收而排出体外的残渣,一般含70% ~80%的水分,20%左右有机物质,5%灰分,含氮1%,含磷0.5%,含钾0.37%,还含有其他微量元素。人粪一般呈中性反应,有时也呈酸性或碱性反应。

人尿是食物经过消化吸收,并参加新陈代谢后排出体外的废液,一般含有95%的水分,其余5%是水溶性含氮化合物和无机盐类,其中含尿素1% ~2%,食盐1%左右,并还有少量的尿酸、马尿酸、磷酸盐、铵盐,各种微量元素和生长素等。人尿中含氮0.5%,含磷0.13%,含钾0.19%。由于新鲜人尿中含有酸性磷酸盐和多种有机酸,故人尿呈微酸性反应,但在贮存时,尿素水解成碳酸铵后,就变成微碱性反应。

人粪尿中氮、磷、钾及有机物含量多少,与人的年龄、饮食、健康情况密切相关。根据各地资料,成年人的粪尿中主要养分平均含量见表7-2。

表7－2 成年人的粪尿中主要养分平均含量(%)

种类	水分	有机物	氮(N)	磷(P_2O_5)	钾(K_2O)
人粪	70以上	20左右	1.00	0.50	0.37
人尿	80以上	3左右	0.50	0.13	0.19
人粪尿	90以上	5～10	0.5～0.8	0.2～0.4	0.2～0.3

从人粪尿肥的养分含量看,都是含氮较多,而磷、钾较少,故人们常把人粪尿当作氮肥施用。

人粪尿不仅养分含量较高,而且数量大,是一项重要的有机肥源。成年人一年排泄的粪尿相当于硫酸铵22 kg,过磷酸钙6.8 kg,硫酸钾3.48 kg。因此,人粪尿是一种养分含量高,分解快,肥效迅速的优质农家肥。

2. 贮存管理

人粪尿必须经过贮存,腐熟后才适宜施用。因为新鲜人粪尿所含养分多是有机态的,作物难以吸收。另外,人粪中常含多种寄生虫卵和病菌,经过贮存发酵进行无害化处理,既可以加速养分的转化供作物吸收,又可以在腐熟过程中杀死虫卵和病菌。因此,合理的贮存能加速养分的转化,同时也减少肥分损失。

人粪尿的贮存过程,也就是人粪尿发酵腐熟过程。它是在微生物作用下,将复杂的有机化合物分解成简单化合物的过程。如人尿中的尿素,在尿酶的作用下,水解生成硫酸铵,碳酸铵继续分解成氨、二氧化碳和水,容易造成氮素的挥发损失;在厌气条件下,含硫化合物分解释放出硫化氢,碳水化合物则分解成各种有机酸、二氧化碳、甲烷和水等。

腐热后的人粪尿呈中性至微碱性。其腐熟程度标志,可以从外观和颜色加以判定。从颜色上看,腐熟后的人粪尿应该是暗绿色,从外观上看,它成为烂浆状的流体或半流体。人粪尿的腐熟时间夏季一般为6～7天左右,其他季节约需15～20天。

人粪尿在贮存期间,为防止氨的挥发损失,可采取一些有效措施。常见的保肥措施有:①改建厕所,遮荫加盖。厕所贮粪池和粪坑均应选择地势较高,避风阴凉处。粪池底部及四周要夯实,上面搭棚加盖,以防日晒雨淋。据测定,如加棚加盖,则可减少氮素损失48.7%～60.3%。②加入保氮物质,利用吸附能力强的物质,如泥炭、干土、草皮、落叶等,放入粪池里作覆盖物,或与粪尿掺和,可吸收尿素和氨气,减少氮素损失。③加入3%～5%过磷酸钙或石膏,不仅使碳酸铵转变成较稳定的化合物,而且可以补充人粪尿中磷素养分,提高肥料质量。

3. 合理施用

合理施用人粪尿必须坚持腐熟后施用的原则,同时,也应根据它的特点、气候、土壤和作物等因素采取合理施用的方法。

①配合磷、钾肥和有机肥施用。人粪尿是偏于氮素的肥料(见表7-2),其有机质、磷、钾含量较低,施用时需配合磷、钾肥施用。磷肥一般用过磷酸钙,钾肥用硫酸钾或氯化钾。此外,还宜配合其他有机质肥如厩肥、堆肥、沤肥等施用。

②人粪尿对各种作物有良好反应。特别是叶菜类、禾谷类、纤维类作物等肥效显著。如果施用在忌氯作物如烟草、马铃薯、甘薯、甜菜、甘蔗等作物上,用量过多会影响产量及品质。

③人粪尿适用于各种土壤。在灌溉条件好的情况下施用人粪尿,当土壤中盐分含量低于0.05%时,不致发生盐渍化问题。但在雨量少缺少灌溉条件的土壤中,最好兑水稀释后分次施用。

④人粪尿的施用量应根据作物种类、生育状况和土壤肥力而定。对水稻、棉花、小麦,每亩施500~1 000 kg(以稀肥计),要求分次施用;对叶菜类作物和玉米等作物,每亩用量1 000~1 500 kg;至于桑树、茶树等,其用量因树龄、长势、季节等具体情况而定。

⑤人粪尿多用作追肥和种肥,也可作水稻育秧和蔬菜的基肥。作追肥时,应分次施用,作物苗期追肥要适当稀释,一般稀释4~5倍。旱地采用条施或穴施,施后盖土。南方农民习惯泼施稀粪。在水田施肥,一般在水稻返青后,分蘖拔节前,分三次追施,施前排水,兑水2~3倍泼施在田面上。施后结合耕田2~3天后再浇水。

⑥新鲜人尿用来浸种。对小麦、水稻、玉米、油菜等作物授种,出苗早,根系发育好,苗期长势健壮。浸种时间一般为2~3 h。

我国农村有用尿灰混存施用的习惯,使用方便,但是氮素损失很大,不宜混存。

二、家畜粪尿

畜粪尿主要是指猪、牛、马、羊的粪尿,由于种类不同,饲养方式差异,成分和性质变化很大。

1. 家畜粪尿的成分、性质

家畜是以植物性原料作为饲料,粪是饲料经家畜消化后未被吸收利用的残渣,主要是纤维素、半纤维素、本质素、蛋白质、脂肪类、有机酸以及各种无机盐类。畜尿全部是水溶性物质、主要成分是尿素、尿酸、马尿酸及钾、钠、钙、镁的无机盐类。家畜粪尿的主要养分见表7-3。

从表7-3可以看出,羊和马的排泄物,水分少而有机质及养分含量高;猪和牛的排泄物,含水多而干物质少,养分含量稍低。家畜粪与尿相比,畜粪有机质含量丰富,磷高而钾低,畜尿则相反。氮的含量除猪粪外均是尿比粪高。

表7-3　家畜粪尿的养分含量(%)

家畜种类		水分	有机质	氮(N)	磷(P_2O_5)	钾(K_2O)
猪	粪	82	15.0	0.56	0.40	0.44
	尿	96	2.5	0.30	0.12	0.95
马	粪	76	20.0	0.55	0.30	0.24
	尿	90	6.5	120	0.01	1.50
牛	粪	83	14.5	0.32	0.25	0.15
	尿	94	3.0	0.50	0.03	0.65
羊	粪	65	28.0	0.65	0.50	0.25
	尿	87	7.2	1.40	0.03	2.10

①猪粪的特性。猪的饲料一般比其他家畜饲料要细,养分含量比较丰富。猪粪质地较细,容易腐熟,腐熟后的猪粪能形成大量的腐殖质。具有良好的改土作用。猪粪性质柔合,后劲长,既肥苗又壮果,使作物籽粒饱满。猪粪适用于各种土壤和作物,尤其施用在排水良好的土壤上。C/N 比较低,含有大量氨化细菌,易腐熟。

②牛粪的特性。牛是反刍动物,饲料经反复消化,粪质细密,含水量高,通气性差,腐解缓慢,肥效迟缓,发酵过程中释放热量少,温度低,一般称冷性肥料。新鲜牛粪略加风干,加入3%~5%的钙镁磷肥或磷矿酚,或加入马粪混合堆积,可加速牛粪的腐解,获得优质的有机肥料。

③马粪的特性。马粪疏松多孔,纤维含量高,水分少而易蒸发。粪中含有大量的高温纤维素分解细菌,能促进纤维素分解,腐熟较快,并释放大量热量。马粪常称为热性肥料。它可作温床的酿热材料,提高苗床温度。如果在沼气池中加入马粪,能促进发酵材料的分解。在制造堆肥时,加入适量的马粪,以利提高堆肥温度。

④羊粪的特性。羊也是反刍动物,但饮水少,所以羊粪干燥而致密,养分含量高。羊粪堆积时发热与马粪相似,亦属热性肥料。羊粪性猛,分解快,可将羊粪与猪粪、牛粪混合堆沤后施用。

各种家畜尿的性质相似,一般均呈碱性反应。马尿、羊尿含尿素较多,腐解较快,稍经腐熟,就可直接施用。猪尿的肥效也较迅速。牛尿不宜直接单独施用。

2. 厩肥的贮存管理

厩肥是家畜粪尿、褥草和各种垫圈材料的混合物,含有丰富的有机质和多种养分,有"完全肥料"之称。它是我国农村普遍施用的有机肥料品种。

厩肥的积制管理要以多积肥、积好肥为原则。因家畜粪尿的各种养分,多数以有机形态存在,大部分不能为作物直接吸收利用,必须要经过一阶段的贮存过程。北方多用土垫圈,南方多用秸秆垫团。厩肥的积制方式,可分为圈内积肥和圈外积肥,还有的方法是在圈内堆积一段时间后，出圈再堆积（沤）一段时间。

（1）圈内积肥法

这种方式主要适用于猪粪尿的积制。常用的方式有垫圈法和冲圈法。

①垫圈法。它是将垫料经常撒在猪圈内，使垫料与粪尿充分混合、压紧，每隔一段时间起一次圈，然后在圈外再堆积一段时间，使其分解腐熟，提高肥料质量。垫圈物常选择吸水性强，保氮力也强的材料。各地可因地制宜采用草灰、肥土，及各种秸秆等垫圈物。这种积肥方式的特点是用肥与保肥相结合，肥料长期处于嫌气分解条件下，有机质和氮素的损失较少，积肥数量大，分解慢，且不完全。

②冲圈法。主要适用在大型养猪场，保持圈内清洁，防止猪病传染，有利猪的健康。在猪圈内不加垫料，每天用水冲洗圈内粪便，经排水沟，集中于圈外粪池中积沤。这种积肥方式特点是肥料腐熟较快，但积肥数量少，肥料多为液体，运输施用不方便。

（2）圈外积肥法

它是将畜圈中起出的粪（含垫料），在初期疏松堆积，在好气条件下，堆温可达 60～70℃，能杀死大部分病菌、虫卵和杂草。然后将堆肥踏实压紧，再往上堆积新鲜的厩肥，下层厩肥处于嫌气条件下，可减少有机质和氮素的损失。如此层层堆积，高度达 2 米左右为止。堆面用泥封严，贮存备用。

家畜粪肥和厩肥的腐熟过程可分为半腐熟，腐熟和过劲三个阶段。半腐熟时，粪一般呈棕色，具有腐烂气味，有机质已松软，但粪草仍然能识别，具有"棕"、"软"、"霉"的特点。腐熟时，粪色由棕色转黑色，有机质呈烂泥状，黏手有氨臭味，粪草不能分辨，具有"黑"、"烂"、"臭"的特点。过劲阶段，水分不断蒸发，有机质不断分解，最后使有机质烧成"粉末"或"灰烬"。群众的经验是猪粪堆内若出现大量"白色"或"白毛"，就是过劲初期预兆，这时翻粪加入适当水分，防止猪粪向过劲阶段发展。

3. 合理施用

家畜粪尿与厩肥，肥效稳而长，宜作基肥。每亩用量 1 500～2 500 kg。水田施用厩肥，在最后一次犁田前撒施，再犁翻耙匀，使土、肥相融。用于旱地，施用量大时可撒施；然后深耙埋入土中，深度约为 20 厘米；施用量少时，可开沟集中施于播种行间或栽植垄上。

作追肥施用时，为了提高肥效，要选择腐熟较好的厩肥，并在作物生长前期施用较好。

①依肥料性质施用。因尿比粪易分解，若尿粪分存，尿可作追肥，粪作基肥。猪粪既可作基肥，也可作追肥。羊、马粪分解时发热温高，易烧苗，一段腐熟后施用，可作苗床的发热材料。

②依腐熟程度施用。腐熟的基肥可作种肥和追肥，施后盖土。半腐熟的厩肥多为迟效肥，可作基肥，但不能作追肥和种肥。

③因土壤、作物合理施用。质地黏重,排水条件差的土壤,宜选用腐熟的厩肥,要浅施;对砂质土壤,可施用半腐熟厩肥,可翻耕深施。生长期长的作物,宜先用半腐熟厩肥;生长期短的作物选用腐熟原肥。一般水稻亩施1 000 ~ 1 500 kg,甘蔗可施到1 500 ~ 2 500 kg。

此外,还应配合速效氮。磷化肥施用,尤其是施用半腐熟厩肥时,更应注意配合速效性化肥,以满足植物各时期对养分的需求。

任务三　堆、沤肥与秸秆还田

堆沤肥和秸秆还田的主要原料是植物残体,利用植物残体作为肥源是我国农业生产的一大特色。

一、堆肥

堆肥的养分含量以高温堆肥为高,比普通堆肥的有机质(15% ~25%)、全氮(0.4% ~0.5%)、全磷(0.18% ~0.26%)、全钾(0.45% ~0.70%),分别高出(绝对值)9.1% ~ 16.8%、0.65% ~1.5%、0.12% ~0.56%、0.02% ~1.83%。高温堆肥时间短,腐熟快,对杀灭其中的病菌、虫卵和杂草种子有较好的效果。

1. 堆肥的原料与成分

堆肥是以作物秸秆、杂草、树叶、泥炭、草皮、绿肥等为主要原料,适当混合人畜粪尿和污水经过堆积发酵而制成的肥料。堆肥的堆制过程是利用各种微生物对有机构残体进行分解腐熟的过程,使各种有机物质转化为腐殖质和可溶性的无机养分,供植物吸收利用。就堆肥原料的性质可分为三类:

①不易分解的物质。如稻草、杂草、落叶、幼嫩树枝和垃圾等,这类物质含纤维素、本质素和果胶等较多,这是堆肥原料的主体,其碳氮比一般约在60 :1 ~ 100 :1,微生物分解比较困难。

②促进分解物质。一般为含氮较多的物质,如人畜粪尿、污水和少量化学氮肥,以及能中和酸度的物质,如石灰、草木灰等,有时也加入磷矿粉和钙镁磷肥。

③吸附性强的物质。如泥炭、黏土等,它是用来吸收堆肥腐熟过程中释放的各种水溶性养分和铵态氮,从而减少养分的损失。

2. 制作堆肥的主要条件

堆肥过程是多种微生物交替活动的过程,它受堆肥材料、环境、温度、水分、通气及酸碱度等因素的影响。

①水分。堆肥材料吸水软化，便于微生物的侵入和分解。微生物随水移动，可使堆肥的各个部位腐熟均匀。适宜的含水量约为堆肥材料最大持水量约60% ~70%，用手捏紧则能出水即可，或用铁锹拍打成团，抖开即散的状态。掺水或尿液的数量，夏季宜多些，以防灰化；冬季宜少些，以防通气不良。

②通气。堆肥腐解的初期，主要是好气性微生物的活动，需要良好的通气条件；至中后期应以嫌气分解为主，以利保存养分和腐殖质的积累。因此，控制时可以设通气草束或通气沟，或采取疏松堆积的方法；进入后期，再将通气孔堵塞，或压紧封泥等措施进行紧密堆积。

③湿度。堆肥内温度升高主要是微生物分解有机物释放的能量引起的。当堆温高达75℃时，微生物的活动几乎受到抑制；65℃时，仅有少量细菌和放线菌活动；只有在50 ~60℃时，真菌、细菌和放线菌才能发挥最大分解作用。因此，温度过高时，应及时翻堆和加水，降低堆温。在北方寒冷季节，最好选择中午前后突击堆肥，以利升温。

④养分。微生物的生命活动需要吸收一定数量的养分。微生物每吸收25 ~30份碳素，约需1份氮素，才能完成生命活动所需能量消耗。一般要求堆肥材料中的碳，氮比最好调节到40 ∶1。禾本科作物秸秆的碳氮比为(60 ~80) ∶1，施入土壤后会引起微生物与作物相互竞争土壤中氮素营养，导致植物缺氮。因此，用作堆肥的材料，碳氮比幅较宽时，须加入含氮较多的人畜粪尿或豆科绿肥，或化学氮肥，将碳氮比调节至(30 ~40) ∶1。另外，加入少量过磷酸钙，对促进微生物活动和保肥也是有益的。

⑤酸碱度。各种微生物活动，都有一定适宜范围的酸碱度。堆肥中的大多数微生物都适于在中性至微碱性条件下繁殖。在堆肥的初期，有机物质分解产生的有机酸，常使pH值降低。因此，在高温堆肥时，最好加入2% ~3%的石灰或5%的草木灰，以中和酸度，但应控制石灰用量，保持堆肥严密覆盖，避免氨的大量损失。普通堆肥因土壤调节与缓冲，可少加甚至不加石灰。

综上所述，堆肥腐熟条件是相互制约和相互影响的，合理调节各项条件，促进堆肥腐熟，就能获得优质堆肥。

3. 堆制方法

(1)普通堆肥

它是在嫌气低温条件下进行堆积，腐熟较慢。堆内温度比较稳定，通常变化在15 ~30℃之间，常有地面式及地下式堆积两种。

①地面式堆积。通常选择地势平坦，距水源近，运输方便的田间地头或村旁作为堆肥场所。先平整夯实地面，用草皮铺垫12 ~15 cm厚层、然后将切短的秸秆，杂草等均匀地铺上一层，约20 ~30 cm厚。堆好一层，泼施粪尿，再撒些草木灰或石灰，再铺一层污泥，厚6 ~10 cm。如此一层层地堆积踏紧，堆至1.5 ~2 m高为止，最好用稀泥封好，或用

干草和细土遮盖。一个月左右捣翻一次，加水再堆。夏季堆2个月，冬季堆3~4个月即可腐熟。

②地下式堆肥。常在田头或宅旁挖一土坑，四周及底面夯实，将堆积原料与人畜粪尿等倒入坑内，层层堆积至地面齐平为止，盖土6~10 cm。堆积1~2个月后，掘起捣翻，并酌加粪水，促进腐解。堆好后用土覆盖。夏秋堆1~2个月，冬春堆3~4个月即可腐熟施用。

(2)高温秸秆堆肥

堆肥原料以玉米杆和高粱杆为主。先将秸秆铡碎成长10 cm碎条，然后铺成厚约60 cm的长堆。按秸秆每1 000 kg掺厩肥600 kg，人粪尿200 kg和水1 500~2 000 kg的比例，均匀撒入拌匀后，堆成高1.5~2.0 m的长方形大堆，最后再泼一些水，并在堆外覆盖4~6 cm厚的细土，或用麦草泥密封。堆后5~7天堆内开始发热，再经2~3天，堆温可达到70℃以上，高温后10天左右可进行第一次翻堆，适当加水，再次盖土封好。高温堆肥腐熟过程可分为三个阶段。发热阶段(20~40℃)：中温性微生物占优势；降温阶段：有机质已大部分分解转入嫌气发酵；后熟保肥阶段：腐殖质积累逐渐增加，嫌气性微生物数量逐渐增多。堆肥原料的腐热特征是黑、烂、臭、湿，此时应立即压实、封严、备用。

在高温堆肥时，有人提出三项关键措施，堆肥材料中水分应达65%左右；堆肥材料碳、氮比以25∶1~40∶1为宜，为此，1吨秸秆肥可掺入4 kg氮素；确保通气性，在第一次翻堆后插入通气网筒，或开通气沟。

4. 堆肥的施用

堆肥施用与厩肥相似，一般用作基肥，可结合翻地时施用，并与土充分混合，做到土肥相融。

砂性土壤，易漏水漏肥，土温较高，一般可施用半腐熟的堆积肥料；反之，黏性土壤要施用腐熟程度较高的堆肥。

高温多雨或有灌溉条件的地区，施用半腐熟堆肥，而干旱地区应用腐熟较好的堆肥。

生长期短的作物或前期需肥较多的作物，如蔬菜、小麦等，宜用腐熟堆肥，而果树、玉米、高粱、油菜等可施用半腐熟堆肥。

作种肥时，须用腐熟的优质堆肥，并配合适量的化学氮，磷肥施用。

堆肥每亩用量1 500~2 500 kg。

二、沤肥

沤肥是我国南方地区的一种重要农家肥料。它是利用有机物质与泥土混合，在淹水条件下通过微生物进行嫌气分解积制而成的，是水稻产区的主要有机肥源。沤肥分解速度较慢，有机质和氮素损失少。腐殖质积累较多，是一种优质迟效肥料。常见的沤肥方法如下。

1. 凼肥

又称窖肥，是农村的主要农家肥。凼肥的沤制和施用方便省工，任何材料都可沤制。由于积制地点不同，可分为家凼和田凼两种。

①家凼。又称常年凼，在住宅附近挖 1 m 左右深和宽的积肥坑，坑底和四壁应打紧夯实，将青草、落叶、秸秆、垃圾、污水、人粪尿等随时倒入坑中，一年四季不断积沤，一年可出肥多次，而且质量高。肥料腐熟后即可直接施用，或取出堆积一个月左右，然后打碎做旱地肥料。

②田凼。又称季节凼，是在田间设凼沤制。根据沤制季节的不同，又分为冬凼、春凼和夏凼三种。沤制方法和原理基本相同，就地积制，就地利用。沤制的方法是根据田块大小设的，少的 1 ~ 5 个，多的 7 ~ 8 个，圆形或方形，凼周围筑埂，埂宽 30 厘米，高出水面 12 ~ 15 cm，埂内面要垂直，夯实，凼底低于田面 12 ~ 15 cm，凼内倒入草皮，稻根，秸秆、杂草、落叶、垃圾和适量的人畜粪尿。秋收后或冬季，在有水源的田块或冬浸田中设凼，称为冬凼，凼内经常保持 3 ~ 5 cm 浅水层，第二年早春开始翻出，一般冬凼 20 ~ 30 天翻一次，经 3 ~ 4 次翻动即可腐熟，腐烂后作早稻底肥。若在春季二、三月间设凼，称为春凼，每隔 10 ~ 15 天翻凼一次，经 2 ~ 3 次翻动，约二个月腐熟，可用作中稻基肥。夏凼通常设在早稻田中，夏季温度高，每隔 5 ~ 6 天翻凼一次，经 20 ~ 30 天腐熟后用作晚稻底肥。

2. 沼气发酵肥

人畜粪尿、作物秸秆、青草等各种有机物质，经沼气池沤肥，产生一种可燃性气体，即沼气。随着沼气的广泛应用，沼气池粪成为一种新的农家肥料来源。当沼气池加料发酵一段时间后，要进行一次换料，其残渣和肥水可作肥料施用。

沼气粪水可直接作为各种作物，特别是旱地作物的追肥。试验表明，追肥深施入土 6 ~ 10 cm 比浅施好，可减少氮素的损失。也可在作物生长中后期结合喷灌，进行喷施。追肥用量 1 500 ~ 2 500 kg。

沼气粪渣可直接作基肥施用，或加入草皮土，磷矿粉等混合均匀继续堆腐 30 ~ 45 天后作基肥，其粪渣、草皮土和磷矿粉的配合比例 100 ∶100 ∶1。由于沼气粪肥含大量有机质和腐殖质，对于改良土壤理化性质有良好的效果。

近年来，在沼气肥肥效试验中，沼气对防治作物病虫害也有一定效果。据报道，施用沼气粪水后，可减轻稻瘟病、赤霉病和红蜘蛛的危害。

三、秸秆还田

1. 秸秆直接还田的作用

①增加有机质含量，提高土壤养分。秸秆的组成中含有较多纤维素、木质素，有助于土

壤腐殖质的形成。秸秆中含有丰富大量元素和微量元素,增加作物的养分来源(见表7-4)。据分析,每亩地还田150 kg干稻草相当于4.5 kg标准氮肥,1.5 kg过磷酸钙和6 kg钾肥,150 kg干麦秆相当于4.5 kg标准氮肥。1.5 kg过磷酸钙和3 kg钾肥。

表7-4 主要作物秸秆养分含量表(%)

	稻草	麦秆	玉米秸	油菜杆	豆类秸秆
氮(N)	0.63	0.49	0.61	0.56	1.00~1.60
磷(P_2O_5)	0.11	0.11	0.27	0.25	0.30~0.60
钾(K_2O)	2.5	0.62	0.28	1.13	0.50~2.40

②改善土壤的结构性。秸秆直接还田,补充微生物生命活动所需养料和能源,促进了微生物的活动,增加了多糖类物质的分泌。秸秆直接还田所形成的腐殖质与黏粒复合,促进了土壤团粒结构的形成。

③固定和保存氮素养料。新鲜秸秆施入土壤后,可以为自生固氮菌提供能源,促进固氮作用,另一方面,它能促进微生物活动,能较多地吸收土壤中的速效氮素,从而把氮素养料保存下来。这些氮素大部分较易转化为有效态,可供当季作物利用。

④具有保墒和调节温度的作用。秸秆覆盖技术的应用,减少了土壤水分的表面蒸发扩散,提高了土壤的保水供水能力。还可明显调节耕层土壤温度,据报道,稻草覆盖冬季可提高土温0.8℃,寒潮冰冻时可提高土温1.8℃,这样就减轻了冻害发生程度。

⑤抑制杂草生长。应用秸秆覆盖地面,可抑制杂草(特别是双子叶杂草)的生长发育,减轻杂草危害。

2.秸秆还田技术

(1)秸秆还田的方法

主要有高留桩、耕压、覆盖三种方法。

①高留桩直接还田。在前作收到时,留12~27 cm高桩,翻耕压于土中。据试验,15 cm高桩相当于500 kg的鲜秸秆或150 kg的干秸秆。此法简单易行。

②切碎翻压还田。以每亩150 kg左右的干秸秆或500 kg的湿秸秆切成10~15 cm长,铺撒于田中,翻压至10~15 cm的土层内。铡草长度以15 cm为宜,大于20 cm难翻压,小于10 cm花工多。机耕可少铡或不铡。

③覆盖旱作压草。在作物播种后,出苗前或移栽前,每亩覆盖150 kg左右的干秸秆,抽沟时,将沟泥盖压于秸秆上。覆盖压草,不必铡断,省工省时,后茬效果好,并有保墒、防寒、避暑、压杂草的作用。

(2)施用时期与方法

旱地争取边收边耕埋。特别是玉米秸秆,及时耕埋有利于腐解。若玉米秸秆或麦秸秆做棉田基肥，宜在晚秋耕埋。麦田高留茬在夏休闲地要尽早耕翻入土上。

(3)配合水肥管理

土壤中水分状况是决定秸秆腐解速度的重要因素。旱作压草后土壤必须有适当的墒情，采取方法是尽可能鲜草还田，或干草加少量水分还田。南方稻区稻草还田后，水浆管理要以促进腐解、防止有害物质产生为原则。秸秆直接还田必须配合补充适量的氮、磷肥，一般小麦、油菜、玉米等田配合每亩基施 10～15 kg 碳铵和 25 kg 过磷酸钙，或追施 5 kg 尿素。

(4)防治病虫害

秸秆在土壤中腐解时，秸秆上的病菌可能通过土壤传播。例如，大、小麦的赤霉病、根腐病、玉米的黑穗病和大小斑病、大豆的叶斑病等，因此，带有病菌和害虫的秸秆不宜直接还田，应做到高温堆肥或沤制后施用。

任务四 绿肥

凡是利用植物绿色体作肥料的均称绿肥，专门栽培作绿肥的作物称为绿肥作物，翻压绿肥的措施叫“压青”或“掩青”。大多数绿肥作物是豆科作物，也有少数为禾本科和十字花科作物。种植方式有单作的，也有间、套播种的。在农业生产中，凡是把正在生长的绿色植物直接耕翻或割下后，运往另一块田作肥料的称给绿肥。凡是用作绿肥而栽培的作物称为绿肥作物。

中国利用绿肥历史悠久。公元前 200 年，为锄草肥田时期，公元 2 世纪末以前，为养草肥田时期，指在空闲时，任杂草生长，适时犁入土中作肥料。公元 3 世纪初，开始栽培绿肥作物。当时已种苕子作稻田冬绿肥。公元 5 世纪以后，绿肥广泛栽培。到唐、宋、元代，绿肥的种类和面积都有较大发展，使用技术广泛传播。至明、清时绿肥作物粮、棉、肥间作、套种期，绿肥种类已达 10 多种。20 世纪 30～40 年代又引进毛叶苕子，箭舌豌豆、草木犀和紫穗槐等。现在种植区域已遍及全国。

世界上农业发达国家都把厩肥、绿肥和种植豆科作物等作为增加土壤养分的主要来源。80 年代以来，由于世界性能源危机和环境污染，豆科作物和生物固氮资源的利用又引起高度重视。

一、绿肥的作用与特点

我国是利用绿肥最早和栽培面积最广的国家。70 年代是我国绿肥发展的高峰时期，广大农民在长期生产实践经验中总结出如“猪粪、红花草，农家两个宝”，“苕子种三年，坏田变好田”等农谚。发展绿肥，是提高农业生产水平的重要物质基础。

绿肥的特点是来源多，种植广泛，肥料质量好，能节省成本，是一项重要的有机肥源。其作用有如下几方面。

1. 重要的有机肥源

绿肥作物产量高，平均每亩绿肥鲜草量达1 000 ~ 1 500 kg，高者可达2 000 ~ 2 500 kg。种植一亩绿肥，可肥1 ~ 2亩地。有的绿肥一年种植，多年丰收。因此，发展绿肥，开辟肥源，可以解决有机肥料的不足。

2. 增加土壤养分，提高土壤肥力

绿肥作物多为豆科作物，根瘤菌具有固氮作用。据估计，全球每年生物固氮总量约1 750万吨氮素，大约是全球工业生产化学肥料氮量的2倍。

绿肥鲜草含氮量在0.3% ~ 0.6%，其中三分之二来自根瘤菌的生物固氮，三分之一来自土壤。绿肥作物根系发达，主根入土可达2米深以上，能吸收下层土壤养分，待绿肥翻压腐解后、这些养分在耕层积累，供植物利用。豆科绿肥的根系分泌物，又可促进土壤中难溶性养分的溶解，有利作物吸收利用。

绿肥作物不仅含有氮素，而且还含有磷、钾养分，其中以氮素最多，钾次之，磷较少。由于绿肥作物种类不同，其养分含量亦有差异（见表7－5）。

表7－5　主要绿肥作物的养分含量（%）

绿肥种类	水分	氮(N)	磷(P_2O_5)	钾(K_2O)
紫云英	88.0	0.33	0.08	0.23
箭舌豌豆		0.54	0.06	0.30
苕子	82.0	0.56	0.13	0.43
黄花苜蓿	83.3	0.54	0.14	0.40
蚕豆	80.0	0.55	0.12	0.45
肥田萝卜	90.8	0.27	0.06	0.34
天菁	80.0	0.52	0.07	0.15
柽麻	78.2	0.78	0.15	0.30
绿豆		0.52	0.12	0.93
大豆		0.58	0.08	0.73
油菜		0.40	0.15	0.45
绿(红)萍	94.0	0.30	0.04	0.13
紫穗槐	60.9	1.32	0.30	0.79
红山叶	73.0	0.36	0.06	0.24

3. 增加和更新土壤有机质

绿肥作物中有机质含量约在12% ~ 15%，翻压1 000 kg绿肥，可提供新鲜有机质

120～150 kg,此外,绿肥还能促进土壤中原有有机质的分解,这称为激发效应。绿肥作物施入土壤后,直接增加土壤养分。豆科绿肥的生物固氮作用,在氮素平衡中具有重要作用。豆科和十字花科绿肥可提高磷酸盐和某些微量元素的有效性。

4. 改善土壤理化性状,改良低产田

因绿肥能提供大量新鲜有机质和钙素,以及根系具有较强的穿透能力和团聚作用,有利于水稳性团粒结构的形成,改善土壤的理化性质。多次翻压绿肥的田块,土发泡、耐旱、耐涝、通气透水性好,保水保肥好,能增强土壤缓冲性,加速脱盐和消除活性铝及游离铁的危害。翻压绿肥,还可防止盐分上移,有利于盐分淋洗,对改良盐碱地也有良好效果。

5. 覆盖地面,固沙护坡,防止水土流失

绿肥作物能够改良土壤,防止水土冲刷。绿肥含有大量有机质,能改善土壤结构,茂盛的茎叶覆盖地面,能防止或减少水土流失。

6. 有利于促进农、牧、副业全面发展

绿肥作物,如紫云英、苕子、苜蓿和绿草等,含有丰富的蛋白质、脂肪、灰分和维生素等,是家畜的优良饲料。有些绿肥,如紫云英、田菁、草木犀、苜蓿等,开花期长,品质好,是养蜂的良好蜜源植物。田菁种子胚乳含半乳甘露聚糖胶,为重要工业原料。还有些绿肥可作副业的原料。所以,发展绿肥对促进农、牧、副业的全面发展有极重要意义。

二、各种绿肥的合理利用

1. 绿肥的压青技术

绿肥翻耕最适期,应选择鲜草产量和养分含量均高的时期压青,防止早压一把水、晚压一片草。根据各地经验,主要绿肥翻压期,苕子、箭舌豌豆、田菁、印度麻为现蕾至初花期;紫云英、绿豆为初花期至盛花期;黄花苜蓿为盛花期至初荚期,此外,翻压时期也应随后作播期决定,稻田翻压绿肥,一般在插秧前 10～20 天进行;棉田可在播前 10～15 天耕翻绿肥;北方麦田秋季施用绿肥,最好在雨季的后期;夏秋绿肥在早秋耕埋,约 30 天绿肥可大部分分解。因此,耕翻宜在小麦播种前 40 天左右,南方雨水多,秋季气温较高,耕翻易腐烂,可缩短间隔时间。

绿肥的分解主要靠微生物活动,10～15 cm 深度的耕层土壤,微生物活动比较旺盛,故耕翻深度以 10～15 cm 为宜。要求翻压后绿肥植株体不外露,全部埋入土内。如绿肥植株茎叶茂盛,翻压困难,则应先砍断,再翻时埋入土内,防止"吊气"。

2. 绿肥与作物轮作换茬

种植绿肥实行用地养地结合,培肥地力,提高作物产量,改良土壤理化性状。提倡"茬茬种,季季套,一年四季都见青","有作物有绿肥,绿肥肥地,地养作物"的栽培种植制度，如稻田放养绿萍、棉田间种短期绿肥作物，晚稻套种紫云英等栽培措施。

3. 掌握绿肥作物的栽培特点

选择优良的绿肥品种。绿肥作物种类繁多，一般均具一定的适应能力。应根据气候、土壤、耕作和灌溉条件，根据前后茬口和劳力安排，选择适宜的优良品种。

为了保证全苗、发芽整齐，在播种前一般应进行选种，晒种和擦种。选种可淘汰秕籽、劣籽，清除菌核病等，晒种可以增加种子吸水力，提高酶的活性，使发芽较快，较整齐。对于种皮较厚、坚硬、带有蜡质的绿肥种子，可用擦种或烫种法，以利种子吸水发芽。

种植豆科绿肥作物时，接种根瘤菌是一种行之有效的增产措施，特别是新种绿肥区尤为重要。

豆科绿肥作物的施肥应以磷、钾肥为主，适当施氮肥，以达到"以磷增氮"、"以钾增氮"、"以小肥养大肥"的施肥效果。

4. 施用绿肥的注意事项

掌握绿肥的分解特点。幼嫩的绿肥，特别是易分解的豆科绿肥，如紫云英，初期分解快，持续时间短，这类绿肥作基肥，作物生长后期常有脱肥的可能性，应注意后期补施入粪尿，硫酸铵等速效氮肥；稍难分解的绿肥，如田菁、印度麻等，作基肥时，作物生长前期养分供应不足、需配合施用速效氯肥。

5. 防止毒害作用

绿肥压青后在还原性条件下主要产生三种毒害物质：有机酸毒害如乙酸等，硫化氢毒害和亚铁离子毒害，因此要注意排水晒田。酸性土壤要配合施用石灰，以中和土壤酸度，加速绿肥的分解。若发生中毒现象，要立即烤田，施用适量石膏或过磷酸钙。

三、绿肥的种植方式

1. 单作

是指在生长季节中，地里只种植绿肥。使用于人少地多、土壤盐碱、旱薄、风沙等低产地块。以改良土壤为目的的情况下用。

2. 间作

指绿肥作物按照一定的面积比例与其他作物相间种植。间作豆科绿肥能为下茬作物提供氮素，间作的绿肥还可作下茬作物的追肥。

3. 套种

绿肥套种在主作物的行间，可以作为当季肥或下茬的基肥。

套种的作用有：可以作下茬作物的追肥；还可以做基肥；还可以延长绿肥作物的生长期，提高绿肥产量。

4. 混种

一块田里混种不同的绿肥。

作用:能发挥各种绿肥的不同作用;提高绿肥群体的抗逆性;保证绿肥高产稳产;还能充分利用光能地力,从而提高单位面积的绿肥产量。

绿肥作物的栽培利用,应实行种植业、养殖业结合,用地、养地结合,多种用途相结合。

四、主要绿肥的生长习性

1. 紫云英

俗名"红花草子",是一年生或越年生豆科草本植物。多作为冬季稻田绿肥,与双季稻配套。也有作旱地冬季棉田绿肥,或作其他短期绿肥。紫云英性喜温暖湿润,适在微酸性至中性(pH 为 5.5 ~7.5)的土壤上生长,不耐盐碱,土壤含盐量在 0.1% 以上或土壤 pH 低于 5 时,根瘤停止生长,不能越冬。耐涝、耐旱能力差,种子发芽适温为 15 ~20℃,低于 15℃或高于 30℃发芽困难。日均气温在 10 ~15℃时,生长很快。开始结籽的适温为 15 ~20℃左右。在适宜条件下,播种后,5 天开始出苗,第 12 天长生第一片真叶,至 6 片真叶时开始分枝,冬前形成的分枝对产量影响大,冬后分枝一般不能生长。

2. 柽麻

柽麻又名印度麻、太阳麻、菽麻,为一年生草本植物,具有适应性强、播期长、生长期短、长得快、产量高、再生性强等特点。它是一种速生、优质、高产的豆科夏季绿肥作物。印度麻性喜温暖、湿润,适应性广,气温在 12 ~42℃都能生长。耐旱、耐瘠、耐酸性强。在砂质土壤上生长良好。适宜的土壤阳值为 4.5 ~9。耐盐性也较强,在含盐量小于 0.2% 的土壤上生长较好。但耐渍性较差,地面淹水一天会导致叶片发黄脱落。不宜在黏重土壤上种植,发芽最低温度 12℃,温度 20℃以上时,播后 3 天即可出苗,根据各地经验,出苗后 50 ~70 天,亩产鲜革 1 500 ~2 000 kg,株高 1 m 时收割第一次,留茬 20 ~30 cm,让它再长,高产田可收割 3 ~4 次。

柽麻全生育期因播期不同而变化很大。生育期短的约 120 天,长的可在 200 天以上。它主要种植在春收或夏收作物的地块上,短期插种。棉田、玉米、高粱地上间、套种;蔗地、果园、桑树,茶园间种;旱地单种。

3. 红萍

红萍又称绿萍、满江红,是一种水生的蕨类植物,它与兰藻共生。它既能利用河、湖、沟、塘等水面放养,又可在稻田放养利用。

生长正常的红萍呈三角形,每边长 1 cm 左右,由根、茎、叶和孢子果四部分组成。红萍喜欢在平静的水面群聚生活。生长适宜温度为 20 ~25℃,小于 5℃成大于 40℃基本停止生长。红萍对磷肥很敏感,当日平均气温 15℃以下时,施用磷肥,配施氮、钾肥,可促进红萍与蓝藻两者的共生关系。

红萍的主要优点是:养分含量较高,1 500 kg 红萍相当施用硫铵 6 ~7.5 kg,过磷酸钙与硫酸钾 1 kg;繁殖迅速,在适宜条件下,4 ~5 天可增殖一倍;肥效快,红萍入泥腐烂,7 天左右就能发挥肥效;不占地,有水面就可放养;还可作饲料。红萍的繁殖是一个连续不断的过程,因季节不同,可分为越冬保种,春季繁殖。

4. 蚕豆

蚕豆专作绿肥施用,又叫胡豆青,亩产鲜草 2 000 ~3 000 kg。作粮用时,一般也可亩产茎叶 1 000 kg 左右,其茎叶氮、磷、钾含且均比紫云英高,翻沤后,极易腐烂、是优良绿肥品种。茎叶还含有 5% ~10% 的蛋白质、38% 的碳水化合物和 1.5% 的脂肪、也是家畜良好的青饲料。

蚕豆喜湿润气候,耐湿力较强,对土壤选择性小,但渍水时间过长,生长不良,并易致褐斑病。土壤反应以 pH 为 6.2 ~8 为适宜,耐碱性较强,在酸性土壤中栽培,根瘤发育较差,宜施石灰,以中和土壤酸性。

5. 绿豆

绿豆是重要粮食作物、绿肥作物和饲料作物,绿豆生育期短,适应范围广,栽培管理较容易,近年来随着生活水平提高,绿豆种植面积有所发展。

绿豆属豆科菜豆属,为一年生草本植物。属短日照作物,喜温暖湿润环境。种子发芽温度为 8 ~12℃,生育期间最适温度 25 ~35℃。绿豆耐旱性强,苗期一般不需灌溉,但花荚期需水较多,绿豆耐瘠不耐渍,地面积水 2 ~3 天可造成植株死亡。对土壤要求不严格,一般土壤均可载培。

绿豆和其他豆科作物一样,因其根瘤能固定空气中氮素,可培养地力,但忌连作。绿豆生长快,茎叶蛋白质含量高,是良好的绿肥作物,可在棉花或玉米行间间作,于盛花期翻压作为绿肥。绿豆播种期有春播和夏播。春播一般在 4 月上、中旬播种,夏播在 5 月中旬至 6 月中旬播种。作绿肥施用时,播种期可延长到 8 月上旬。

绿豆在盛花期含氮量最高,亩产青草可达到 1 000 kg。单作绿豆作绿肥,以盛花期压青为好。春播绿豆,可采摘大部分绿豆后,再刈割作底肥,秋播绿豆也可采摘部分豆荚后,再翻压作冬播作物的底肥。棉行或玉米行间作的绿豆在 6 月中、下旬翻压作追肥。

项目八

配方施肥技术

【任务】

1. 掌握肥料的合理分配和配合施用的方法；

2. 掌握肥料用量的估算方法；

3. 掌握配方施肥的基本方法。

【能力目标】

1. 能简单描述生产上所用肥料的配合施用原则；

2. 能正确地指出肥料用量估算的具体步骤及工作内容；

3. 能指出配方施肥基本方法的原理及步骤。

【任务分析】

每4~5人为一个学习组，由一人负责，统筹安排查阅资料并整理，学习组一起讨论，围绕配方施肥方法制作汇报材料，期间提出存在的疑问，教师引导答疑。

【工作过程】

1. 资料查阅

学习组成员根据给定的工作任务在图书馆、互联网上搜索各种肥料的施用方法、肥料量的估算、配方施肥基本方法并整理。

2. 资料汇总，制作汇报材料

(1) 将所搜集的材料按照类别进行汇总；

(2) 指导学生使用相关资料，总结各种肥料的施用方法、肥料量的估算、配方施肥基本方法，制作完成汇报材料。

3. 汇报，交流

组织各组进行汇报，提问、交流。

【理论提升】

生产实践与科学试验证明,合理施肥是培肥土壤、提高作物产量的重要措施之一。如果施肥不合理,就会出现"增产不增收",甚至"增肥减产",经济效益很低。为了充分发挥肥料的增产效果,提高肥料的经济效益,必须掌握合理施肥的原则和技术。

任务一 肥料的合理分配和配合施用

一、合理分配的原则

为了使有限的肥料能够发挥最大的增产效益,必须重视合理分配肥料及肥料的合理配合。

在一个乡(镇)、村或农户内部,肥料的合理分配既包括一定数量肥料在全年各季作物中的分配比例,也包括一定数量的肥料在一季作物中不同作物间的分配。分配肥料时,一般应考虑以下几个原则。

1. 统筹兼顾,照顾重点作物

一般情况下,在一个乡(镇)或农户中,重点或主要作物的种植面积和产量,对国家计划的完成和总收入的增长起着决定性作用,所以,一切农业措施都要优先保证满足这些作物的需要,肥料的分配也是这样。

2. 保证大面积均衡增产

在一个农户中,肥料的分配必须有利于平衡增产,全面增收,每块农田都要分配足够的肥料。也就是说,农户应根据各田块肥力的高低,瘦田应多分配一些,肥田应少分配一些,这样增产效果显著。

3. 充分发挥肥料的经济效益

同样数量的肥料施用在不同的土壤中或不同的作物上,增产的效果是不同的。分配合理,增产的幅度大,经济效益高;分配不合理,经济效益就低。例如磷肥应优先分配在缺磷土壤或喜磷作物(如豆科作物、油菜、肥田萝卜、荞麦、玉米、番茄等)上,可获得较好的经济效益。

4. 节省劳力和减轻运输负担

合理分配肥料要考虑地块远近,以节省劳力和减轻运输负担。在离村较远和运输不便的地块,可种绿肥配合施用化肥,离村近,运输方便的地块,可多分配一些厩肥和堆肥。

二、肥料的配合施用

肥科的种类很多,性质、作用、施用方法各不相同。不同作物对肥料的要求也有很大差异。在生产实践中,必须根据作物的需要,肥料的特性和土壤、气候条件,把各种肥料适当配合使用,以发挥肥料的最大增产潜力。配方施肥就是有机肥与化肥、氮肥与磷、钾肥和微量元素肥科进行配合施用的一种科学施肥方法。

1. 有机肥料与化学肥料的配合施用

有机肥料和化学肥料在成分、性质、作用等方面都有很大差异,各有其优点与不足,二者配合施用,可以起到取长补短,缓急相济,增进肥效,改善品质,改良土壤,提高地力等多方面的作用,有利于实现作物高产、稳产、优质、低成本。

中国农科院土肥所对有机肥料与化学氮肥配合施用的研究结果表明,从高氮量的增产效果来看,有机肥料中的氮素一般有优于化学氮肥的趋势,而且有机肥料的优越性突出地表现为显著的后效。另外,有机、无机肥料配合施用,能改善产品的品质(见表 8-1)。

表 8-1 施肥对小麦品质的影响(%)

处理	淀粉	全糖	粗蛋白	面筋
对照	52.6	1.68	10.8	8.67
尿素	54.7~55.5	1.60~1.76	11.3~12.7	10.2~12.3
有机肥	55.6~56.6	1.52~1.67	10.7~11.5	8.9~11.1
尿素+有机肥	54.5~54.7	1.20~1.68	12.5~13.6	11.1~14.6

湖北省农科院土肥所用紫云英和尿素作为水稻的氮源,二者配合后水稻对紫云英和尿素氮的吸收都有提高,还可促进作物对土壤磷和土壤钾的吸收利用。

2. 粪尿肥,绿肥与秸秆直接还田的配合施用

绿肥与秸秆直接还田对于增加作物营养,培肥土壤各有其特点。一股情况下,三者配合既能满足作物对各种养分的要求,又能稳定地提高土壤有机质含量,实现全面、均衡、持续、稳定增产。

3. 氮、磷、钾肥配合施用

各种营养元素对植物的生长发育有着不同的作用,不能相互代替。在作物所需的各个营养元素之间总是保持着一定的比例关系。如果营养元素之间的比例恰当,就能够较好地发挥各种元素的营养功能,使作物产量高,品质好。反之,如果土壤中一、二种营养元素供应不足,其他元素含量再多,由于比例失调,也不能保证作物的正常发育。因此,根据土壤中养分丰缺的情况,重视不同种类化肥的配合施用,使营养元素之间比例协调,可以相互促进,提高肥效。

随着作物单产的提高和氮、磷、钾肥用量的增加,对某些类型的土壤或某些作物,有针对性地,适量地补充相应的微量元素,可以促进养分的协调供应,保证作物优质高产。

4. 基肥、种肥与追肥的配合施用

基肥的作用主要是培肥和改良土壤,为作物生长发育创造良好的环境条件;供给作物养分,满足作物整个生育期对养分的要求。种肥的作用是一方面供给幼苗养分,另一方面改善种子附近土壤的物理条件,有利于种子萌发和幼苗生长。追肥的目的是补充基肥和种肥的不足,及时充分地满足作物生育盛期对养分的要求。

基肥、种肥与追肥的配合施用既能持续地为作物整个生育期提供养分,使前一阶段为后一阶段的生育打好基础,又能及时满足作物营养临界期和最大效率期所需的养分,保证关键时期有充分的养分供应,并协调营养生长与生殖生长,个体与群体的关系,提高作物产量。

综上所述,合理施肥是一项很复杂的农业技术工作,我们既要了解作物的营养特性,作物种类和作物各发育阶段对养分的要求,还要考虑土壤条件,气候特点,更要熟悉肥料的性质,重视肥料的合理分配与合理配合,把它们作为一个整体看待,进行综合分析,再结合运用合理的农业技术措施,才能充分发挥肥效,达到增产增收的目的。

任务二　肥料的施用方法与混合

一、肥料的施用方法

任何作物和树木的生育过程,都有许多不同的发育阶段,它们的每一个发育阶段对营养条件的要求都是不相同的。所以我们应该按照各种作物和树木不同的发育阶段对营养条件的要求,采取一系列的施肥措施,才能获得高产。

我国农民在长期生产实践的过程中积累了丰富的施肥经验,对多数作物采用基肥、种肥、追肥三个基本环节,运用撒施、条施、穴施、分层施、环状施等方法都有良好效果。近年来根据化肥品种的增多和农业发展的需要,各地农民不断创造,改进施肥技术,采取合理的施肥方法,使施肥效果进一步提高。现将合理的施肥环节和方法叙述如下。

1. 基肥

作物播种(或定植)前结合土壤耕作施用的肥料叫基肥。基肥在施肥中占有主要地位,担负着培肥土壤和供给作物整个生育期中所需养分的双重任务。基肥的用量比较大,通常占总施肥量的一半以上。施基肥要以肥效持久的有机肥料为主,如堆肥、厩肥、绿肥、泥土肥等,并适当配合化学肥料。迟效肥料如磷矿粉等也应与有机肥料混合后作基肥施用,酸性土壤施用石灰也应作基肥,一般大田基肥以撒施为主,结合土壤耕翻,多次犁耙,促使土肥相融。即在犁地之前,把肥料均匀地撒在地表面,然后耕翻入土,进行全耕作层施肥。一般密播作物多用撒播,可把有机肥与速效肥混合撒施,也可先把有机肥施入耕层的中下部,再把速效肥施入耕层的中上部,这样上下配合,效果更好,但比较费工。

为了经济用肥,根据"施肥一大片,不如一条线"的道理,条播作物可条施,点播作物可穴施,这样可把肥料集中在作物根系附近,肥效发挥得更好,同时也使它起到了种肥的作用。

果树施肥可采用环状施或放射状施的方法。环状施的方法是可在与树冠外围垂直的地面上挖成深、宽各 30 ~ 50 cm 的环状沟,施入肥料后再埋土踏实。放射状施是树下挖数条以树干为核心的放射状沟,离树干有一定距离向外挖直沟,沟直可与树冠相齐、肥料施入沟内再埋土踏平。

2. 种肥

在作物播种或定植时施于种子附近或与种子混合施用的肥料叫种肥。施种肥的作用是给种子发芽和幼苗生长供应养分和改善环境条件。种肥一般以速效性化肥、细菌肥料或腐熟好的优质有机肥料为主。由于种肥常和种子直接接触或与种子距离较近,因此对肥料种类和用量要求较严格。施用不当,易引起烧种、烂种、造成缺苗。凡是浓度过大,过酸过碱或含有毒质的肥料以及容易产生高温的肥料,都不宜作种肥施用。如果必须要作种肥,可以将肥料和种子保持适当距离。在土壤含水量不足时,也不能施用种肥。种肥用量不能过大,拌种时,氮肥以每亩 2.5 kg 为宜,过磷酸钙以每亩 5 ~ 10 kg 为宜。还要先将化肥混合适量细土,随拌随播,不能久置。

施用种肥的方法有拌种(用少量化肥或细菌肥料与种子拌匀)、浸种(用一定浓度的化肥、微肥、腐肥等溶液浸泡种子)、盖种(开沟播种后,用充分腐熟的有机肥覆盖在种子上面),也可条施、穴施。各地可根据具体条件因地制宜地加以采用。

3. 追肥

在作物生长发育期间施用的肥料叫追肥。它的目的是及时补充作物生长发育过程中所需的各种养分,以提高作物产量,改善作物品质。追肥要根据作物的苗情和发育阶段的需要确定追肥品种和追肥的用量,追肥一般以速效性化肥为主,腐熟良好的有机肥料(如人粪尿)也可用作追肥,但要深施入土。当用化学氮肥作追肥时,应尽量选用化学性质比较稳定的品种(如硫铵、尿素、硝铵等),而将易于挥发的氮肥品种(如氨水、碳铵等)用作基肥施用。磷肥一般可作基肥或种肥施用。钾肥则以基肥为主。

施用追肥的方法,要根据作物和肥料种类采用撒施(密植作物应中耕或施后浇水、中耕)、条施(条播作物行间开沟施后盖土)、穴施(点播作物)、塞秧窝(将各种化肥、有机肥和泥土按一定比例混合并匀,加工成球状、块状肥料,深施在草丛稻苗中间5~8厘米深处)等。

根外追肥是把一定浓度化肥溶液,用喷雾器喷洒在作物叶子上,通过叶片吸收利用,这种方法用肥少,收效快,肥效高。但根外追肥只能作为辅助性的施肥措施,不能完全代替土壤追肥。这种措施主要用于作物生长后期根部吸收能力减弱的时期,它可以及时补足根部吸收养分的不足。

二、肥料的混合

1. 肥料混合的三种情况

肥料的种类很多,有的可以单独施用,有的也可混合施用。在生产上为了同时供给作物需要的几种养分,可以把两种或两种以上的肥料混合起来同时施用。这样可以使几种养分互相取长补短,提高肥效,或者经过变化更有利于作物吸收利用,还可减少施肥次数,提高劳动生产率。但也有些肥料不能混合施用。根据肥料性质是否能够混合施用,大致可以分为三种情况。

第一种,可以混合施用的。凡是两种以上的肥料混合后,不损失养分,能够改善肥料的物理性状,加速养分转化、或减少对植物的副作用,因而更能提高肥效的都可混合施用。厩肥、堆肥等有机肥料几乎能和所有的化肥混合施用,硫酸铵与磷矿粉、人粪尿与少量的过磷酸钙、硝酸铵与氯化钾等都可混合施用。

第二种,可以随混随用但不能久放的。有些肥料混合后可以立即施用,没有不良影响。如果混合后长期存放,即要引起有效养分减少或物理性状变坏,不便施用。例如含游离酸较多的过磷酸钙与硝态氮肥混合,会引起肥料潮解使物理性质变坏,氮素损失。但如果施肥时随混随用,则无影响。尿素与氯化钾、过磷酸钙混合后都会增加吸湿性,使肥料结块硬化。所以这种类型的肥料混合后不能久放,要随混随施。

第三种,不可混合的。相互混合后会引起养分损失或把易溶性养分变成难溶性养分的肥料都不可混合。

铵态氮肥和碱性肥料不可混合。如硫酸铵、硝酸铵、碳酸氢铵等铵态氮肥以及含铵态氮的复合肥料,腐熟的粪尿肥等不能和草木灰、石灰、钙镁磷肥、窑灰钾肥等碱性物质混合,以免引起氮素损失。

磷肥和碱性肥料不可混合。过磷酸钙和过量的草木灰、石灰、钢渣磷肥等混合时,降低水溶性磷的含量。骨粉、磷矿粉也不宜与石灰等碱性肥料混合,否则会使难溶性磷更难为作物吸收利用。

硝态氮肥与未腐熟的有机肥料不可混合。硝态氮肥与未腐熟的堆肥、厩肥或新鲜秸秆不能混合准积,否则,会由于有新鲜的有机质存在,刺激反硝化细菌的生长,引起反硝化作用,造成氮素损失。

以上情况说明有的肥料可以混合;有的可以暂时混合,不能久放,要随混随用;有的不能混合。在实际施肥时,如同时施用两种或几种肥料,可以混合的应争取混合施,不能混合的要隔开施。如能把混合的肥料制成颗粒状,更便于施用。

2. 肥料与农药的混合

肥料与农药的混合施用是近三十年来采用的一项新技术。它具有提高肥效和药效、节省劳力,降低农药成本,减少农药的毒害等优点。表 8-2 为除草剂与化肥混合使用示例。

表 8-2 除草剂与化肥混合使用表

除草剂名称	化肥						混合液施用时期	混合液配制方法
	1	2	3	4	5	6		
阿特拉津	+	+	++	+	++	0	播种前、出苗前	预先将除草剂溶于水,然后每次取 1. 14L 除草剂水溶液与 380L 肥料溶液相配合
燕麦敌	++	++		++	++	-	播种前或播种后覆土	
2,4-D 铵盐	+	++	++	+	++	+	出苗后	
敌草隆	+	-	-	-	-	-	出苗前,条施	
利谷隆	+	-	-	-	-		玉米出苗后	
二甲四铵	+	++	+	+	++	+	出苗后	
扑灭净 80	+	+	++	+	++	0	出苗前,或移栽前盖土	
百草枯	+	+	-	++	++	-	播种前或出苗前	
佛乐灵	+	+	+	++	++	+	出苗前	

注:1. 肥料溶液;2. 复合肥料混合液;3. 肥料悬浮液;4. 含氮-磷-钾为 10-34-D 和 11-37-0 的高浓度液体肥料;5. 液态磷酸铵复合肥料;6. 固体化肥;"+"除草剂与肥料可以混合;"++"制备混合液时需添加湿润剂;"-"不能混合;"0"除草剂与化配不能共同施用。

由于大多数农药是复杂的有机化合物,与肥料混合时变化十分复杂,有很多理论和技术问题尚待进一步研究。一般在混合时应遵守以下原则:不能因混合而降低肥效和药效;混合后对作物无害;混合后要求化学性质与物理性质恒定;肥料与农药的施用时间和部位必须一致。

肥料和农药混合的剂型有固体和液体两类。前者是将固体农药与固体肥料直接混合,或将液体农药喷在固体肥料上,或在肥料生产过程中将农药加入制成颗粒。后者主要将固体农药或液体农药混合成液体肥料,这是国内外近十年多来随着液体肥料的发展而出现的新类型。

目前国内外采用的与化肥混用的农药,以除草剂最多,杀虫剂次之,杀菌剂较少。

任务三 肥料量的估算

确定各种作物的施肥量是一个十分复杂的问题。任何肥料施人土壤后,都不能被作物全部吸收利用,必有一部分留在土壤中,也有一部分因挥发或淋洗而损失掉。肥料用量与作物本身吸收能力的大小、土壤保肥能力的强弱、肥料品种的利用率、气候条件、施肥方法,以及灌溉耕作技术等多方面的因素有关。因此,我们应该在总结群众施肥经验的基础上,在当地进行施肥量试验,找出作物产量与施肥量的关系,作为确定合理施肥量的依据。现把估算施肥量有关问题介绍如下。

一、肥料利用率的计算

肥料利用率是指当季作物从所施用的肥料中吸收的养分占肥料中该养分总量的百分数。影响肥料利用率的一个重要因素是施肥方法。例如碳酸氢铵深施与地面撒施,利用率有很大差异。我们可通过田间试验和室内分析,按下式求出肥料利用率。

肥料利用率(%)=

$$\frac{\text{施肥区作物体内该元素的吸收量}-\text{无肥区作物体内该元素的吸收量}}{\text{施肥量}\times\text{施用肥料中该元素的百分含量}}\times 100\%$$

例如:施用硫酸铵 20 kg 的农田,收获物体内含总氮量为 7 kg,不施硫酸铵的农田,收获物体内总氮量为 5.4 kg,求硫酸铵中氮素的利用率(硫酸铵的含氮量为 20%)。

$$\text{肥料利用率}(\%)=\frac{7-5.4}{20\times 20\%}\times 100\%=40\%$$

从目前农村栽培管理水平看,氮素化肥当年利用率一般变动在以下范围:水田平均为 35% ~60%,旱地为 40% ~75%,氮肥一般不超过 50%,磷肥为 10% ~25%,钾肥为 50% ~70%。有机肥料的利用率(以氮肥为标准),一般腐熟较好的厩肥,堆肥,绿肥约为 30%左右。有机肥料中磷的有效性较高、利用率可达 20% ~30%,有机肥料中钾的利用率一般为 50%左右,其中稻草可达 70% ~80%,质量较差的土粪或泥肥利用率不足 10%(见表 8-3、表 8-4、表 8-5)。

表 8－3　一些有机肥料中氮的近似利用率(%)(田间试验,差值法)

作物	豆科绿肥	厩肥	堆肥和沤肥
水稻	25.3±10.2	14.7±8.8	15.0±5.7
小麦	—	20.0±11.3	—

注:表中所列数据系平均数±标准差

表 8–4　一些有机肥料中氮的近似利用率(%)

肥料名称	人粪尿	野草(鲜)	稻草	小麦秆	大豆饼	菜籽饼	棉籽饼
利用率	60	20～40	10～25	20	60	45	45

表 8–5　肥料当年利用率(%)

肥料	利用率	肥料	利用率	肥料	利用率
一般圈粪	20～30	草木灰	30～40	氯化钾	50
土圈粪	20	氨水	50	氯化铵	60
堆肥	25～30	硫酸铵	70	碳酸氢铵	65
人粪尿	40～60	硝酸铵	65	尿素	60
炕土	30～40	磷矿粉	10	过磷酸钙	25
新鲜绿肥	30	硫酸钾	50	钙镁磷肥	25

二、肥料用量和有效养分的换算方法

1. 肥料用量的换算方法

施用肥料的数量,一般是按营养元素含量进行计算,换算方法如下:

(1)已确定某种养分的用量,换算成肥料用量,可按下列公式计算:

$$肥料用量(kg)=\frac{1}{肥料所含养分的百分率}\times需要养分量(kg)$$

例如:某田块每亩需要 2 kg 氮素作追肥,问要用硫酸铵多少公斤(硫酸铵含氮量为 20%)?

$$肥料用量(kg)=\frac{1}{20/100}\times 2=10\ kg$$

(2)已确定肥料用量,换算出养分含量,可按下列公式计算:

养分数量(kg)=肥料用量(kg)×肥料所含养分的百分率

例如:某田块计划每亩施用过磷酸钙 25 kg 作基肥,问合多少公斤磷酸(过磷酸钙含磷酸按 15% 计算)?

$$磷酸(kg)=25\times\frac{16}{100}=4\ kg$$

2. 氮(N)、磷(P)、钾(K)有效成分的换算方法

氮肥的有效成分,即氮素的百分率(N%),或含氮量。

磷肥的有效成分有含 P_2O_5 和含 P 两种表示,前者是主要的,其换算关系是:

$P_2O_5\% = P\% \times 2.3$, $P\% = P_2O_5 \times 0.44$

如含 $P_2O_5$16% 的过磷酸钙,其含 P 量为

$P\% = 16\% \times 0.44 = 7.04\%$

钾肥的有效成分也有含 K_2O 和含 K 量两种表示,前者也是主要的,其换算关系是:

$K_2O\% = K\% \times 1.2$, $K\% = K_2O\% \times 0.83$

如氯化钾含 K_2O 60%,其含 K 量为

$60\% \times 0.83 = 49.8\%$

三、土壤养分丰却指标

根据全省第二次土壤普查统计资料,我省耕地土壤养分丰缺含量,农田土壤肥力高低,均以下列文字表述。土壤有机质全氮含量以百分率表示,其他养分均以 ppm(毫克/公斤)表示。

1. 土壤有机质和氮、磷、钾养分丰缺的划分

如表 8-6 所示,土壤有机质分为六级(丘林法):

表 8-6 土壤有机质标准

低	<0.6%	极缺
	0.61% ~1.0%	缺
中	1.01% ~2.0%	一般
	2.01% ~3.0%	中等
高	3.01% ~4.0%	丰富
	>4.01%	极丰富

如表 8-7 所示,土壤全氮分为六级(克氏法):

表 8-7 土壤全氮标准

低	<0.05%	极缺
	0.05% ~0.075%	缺
中	0.075% ~0.1%	一般
	0.1% ~0.15%	中等
高	0.15% ~0.2%	丰富
	>0.2%	极丰富

如表 8－8 所示，土壤速效磷(P)的标准分为六级。(0.5M 碳酸氢钠法)

表 8－8　土壤速效磷标准

低	<3ppm	极缺
	3 ppm ～5 ppm	缺
中	5 ppm ～10 ppm	一般
	10 ppm ～20 ppm	中等
高	20 ppm ～30 ppm	丰富
	>30 ppm	极丰富

如表 8－9 所示，土壤速效钾(K)分为六级。(1N 醋酸铵火焰光度法)

表 8－9　土壤速效钾标准

低	<30ppm	极缺
	30 ppm ～50 ppm	缺
中	50 ppm ～100ppm	一般
	100 ppm ～150ppm	中等
高	150 ppm ～200ppm	丰富
	>200ppm	极丰富

2. 土壤微量元素养分丰缺的划分

如表 8－10 所示，土壤有效锌(Zn)含量可分为五级。(DTPA 浸提取，原子光谱分析法)

表 8－10　土壤有效锌标准

低	<0.3ppm	极低
	0.3 ppm ～0.5ppm	低
中	0.51 ppm ～1.0ppm	中等
高	1.1 ppm ～3.0ppm	丰富
	>3.0ppm	高

如表 8－11 所示，土壤有效硼(B)可分为四级。(热水提取，姜黄素比色法)

表 8－11　土壤有效硼标准

低	<0.25ppm	严重缺硼
	0.25 ppm ～0.5ppm	一般缺硼
	0.51 ppm ～1.00ppm	不缺硼
高	>1.00ppm	丰富

如表 8－12 所示，土壤有效锰（Mn）分为五级。（DTPA 浸提取，原子光谱分析法）

表 8－12　土壤有效锰标准

低	<1.0ppm	极低
	1.1ppm ～5.5ppm	低
	5.1 ppm ～15ppm	中等
高	16 ppm ～30ppm	丰富
	>30ppm	高

如表 8－13 所示，土壤有效铜（Cu）分为五级。（酸性土壤用 HCl 提取，中性、碱性土壤用 EDTA 提取，原子吸收分光光度法）

表 8－13　土壤有效铜标准

	酸性土壤有效铜含量	中、碱性土壤有效铜含量	丰缺指标
低	<1.0ppm	<0.1ppm	极低
	1.1ppm ～2.0ppm	0.1ppm ～0.2ppm	低
	2.1 ppm ～3.0ppm	0.2ppm ～1ppm	中等
高	3.1ppm ～4.0ppm	1.1ppm ～2ppm	丰富
	>4.1ppm	>2.1ppm	高

如表 8－14 所示，土壤有效铁（Fe）分为五级。（用 EDTA 提取，原子吸收分光光度法）

表 8－14　土壤有效铁标准

低	<4.5ppm	极低
	4.5 ppm ～10ppm	低
	11 ppm ～30ppm	中等
高	31 ppm ～50ppm	丰富
	>50ppm	高

四、施肥量的估算方法与步骤

1. 根据作物计划产量求出需要养分总量

目标产量每亩需要养分的总量（公斤）

$=\frac{\text{目标产量}}{100}\times 100$ kg 经济产量所需养分数量（查表 8－15）。

表 8-15 不同作物形成 100 kg 经济产量吸收养分的数量(kg)

	作物	收获物	N	P_2O_5	K_2O
大田作物	水稻	稻谷	2.1～2.4	1.25	3.13
	冬小麦	子粒	3.00	1.25	2.50
	春小麦	子粒	3.00	1.00	2.50
	大麦	子粒	2.70	0.90	2.20
	玉米	子粒	2.57	0.86	2.14
	谷子	子粒	2.50	1.25	1.75
	高粱	子粒	2.60	1.30	3.00
	甘薯	块根(鲜)	0.35	0.18	0.55
	马铃薯	块茎(鲜)	0.50	0.20	1.06
	大豆	豆粒	7.20	1.80	4.00
	豌豆	豆粒	3.09	0.86	2.86
	花生	豆荚	6.80	1.30	3.80
	棉花	籽棉	5.00	1.80	4.00
	油菜	菜籽	5.80	2.50	4.30
	芝麻	子粒	8.23	2.07	4.41
	烟草	鲜叶	4.10	0.70	1.10
	大麻	纤维	8.00	2.30	5.00
	甜菜	块根(鲜)	0.40	0.15	0.60
蔬菜作物	黄瓜	果实	0.40	0.35	0.55
	架云豆	果实	0.81	0.23	0.68
	茄子	果实	0.30	0.10	0.40
	番茄	果实	0.45	0.50	0.50
	胡萝卜	块根	0.31	0.10	0.50
	萝卜	块根	0.60	0.31	0.50
	卷心菜	叶株	0.41	0.05	0.38
	洋葱	葱头	0.27	0.12	0.23
	芹菜	全株	0.16	0.08	0.42
	菠菜	全株	0.36	0.18	0.52
	大葱	全株	0.30	0.12	0.40
果树	柑桔(温州蜜柑)	果实	0.60	0.11	0.40
	梨(二十一世纪)	果实	0.47	0.23	0.48
	柿(富有)	果实	0.59	0.14	0.53
	葡萄(玫瑰露)	果实	0.60	0.30	0.72
	苹果(国光)	果实	0.30	0.08	0.32
	桃(白凤)	果实	0.48	0.20	0.76

2. 估算出土壤供肥能力

可由分析土壤中氮、磷、钾含量数(ppm)的结果,计算出每亩土壤能供给养分的数量。

如测定某田块的土壤有效氮为40ppm,每亩土重15万公斤,即可求出每亩土壤可供有效氯为6 kg。即:

$$15\times10^4\ kg\times40ppm=150\ 000kg\times\frac{40}{1\ 000\ 000}=6kg$$

土壤供肥能力与测定的土壤有效养分含量之间有一定的联系,但是测定出土壤有效养分的数量,只能在一定程度上反映土壤的供肥性能,并不一定与土壤实际供肥能力完全一致。因为土壤实际供肥状况要受许多因素影响。如季节性的气候变化、作物根系的吸收范围,耕作灌溉等技术措施都可能使土壤中一部分有效养分,不能全部吸收利用。因此可以在不同土壤上,用不同作物进行田间试验,找出土壤供肥能力的强弱。

可按下式估计:

每亩土壤的供肥量(kg)=

$$\frac{\text{无肥区作物产量}}{100}\times\text{形成 100 kg 经济产量所需养分数量(查表 8-15)}$$

3. 估算出施肥量

例如今年计划小麦亩产400 kg,通过试验(以氮素为例),无氮对照区小麦亩产约为150 kg。计划施用有机肥为较好的猪圈肥,化肥用碳酸氢铵。根据这些条件要求亩产400 kg小麦,应施用多少有机肥,多少化肥?可按下列步骤估算:

查表(8-15)求出亩产小麦400 kg的计划指标需氮量为

$$\frac{400}{100}\times3=12kg$$

已知土壤供肥能力为$\frac{150}{100}\times3=4.5kg$

每亩需补充氮素为$12-4.5=7.5kg$

计划补充氮素总量的2/3用猪圈肥,应为$7.5\times2/3=5kg$氮素,1/3用碳酸氢铵,应为$7.5\times1/3=2.5kg$氮素。猪圈粪质量较好的按含氮0.55%计算,当季因肥中氮素利用率按25%计算,每亩需施圈肥量为$\frac{5}{0.5\%\times25\%}=4\ 000$ kg猪圈肥。

碳酸氢铵含氮量为17%,肥料利用率按50%计算,每亩需碳酸氢铵$\frac{2.5}{17\%\times30\%}=30kg$。

估算,计划亩产400 kg小麦,应亩施优质圈肥4 000 kg,碳酸氢铵30 kg。圈肥作基肥施入,碳酸氢铵根据条件可作基肥深施,也可部分作基肥深施,部分作追肥施人土内6~9 cm。

任务四 配方施肥的基本方法

一、配方施肥的由来

配方施肥技术是在养分归还学说的指导下，应用营养元素同等重要、不可代替律、最小养分律和报酬递减律，结合各种作物的需肥规律和土壤普查提供的土壤地力评级，化验分析数据，在总结历年农民合理施肥经验及田间肥效试验、示范的基础上，于1979年提出，1980年在浙江省宫阳县召开的全国土壤普查成果应用会上正式用文字公布，随即列入全国推广的十项适用的新技术之一。

二、配方施肥的基本方法

配方施肥是肥料配合施用的一种方法，是施肥技术上的一项革新，是因土壤、因作物品种特性，实行肥料定性，定量的“两因两定”的施肥技术。这种方法，是将原来的一些施肥技术进行组装，重点是改变施肥的结构，即解决缺素，过量和协调的问题。

配方施肥的具体内容包括“配方”和“施肥”两个程序。“配方”犹如医生诊病，对症下药，其核心是根据土壤、作构状况，产前定肥定量。“施肥”是肥料配方在生产中的应用，保证计划产量的实现。根据配方确定的肥料品种，用量和土壤作物特性，合理安排基肥和追肥比例，追肥次数、时期、配比和用量。配方和施肥是一个有机的整体，不能分割。要注意和当地高产栽培技术结合起来运用。同时要按照化肥的特性，采取有效的施肥方法，以发挥肥料的最佳效益。同时要强调，配方后的施肥不能一成不变，要根据当时当地情况，适当调整配方时未能预测的情况，特别是对于氮肥的施用，尽可能应用作物营养诊断技术，使配方施肥更为完善，更科学化。

当前全国各地推广的配方施肥技术，以肥料定量的不同依据来划分，可归纳为三大类、六种基本方法。

1. 地力分区(级)配方法

地力即土壤具有生产作物的能力，从现实来看，就表示为产量的多少。地力分区(级)配方法，是将土壤按肥力高低分成若干等级，或划出一个肥力基本均等的田片，作为一个配肥区，应用土壤普查资料和肥料田间试验成果，结合群众的实践经验，估算出这一配肥区内比较适宜的肥料种类及施用量。

地力分区配方方法虽然在地力分级的划分方法上不尽相同，但具体做法上差别不大。

它的优点是具有一定的针对性，提出的肥料品种、用量及措施接近当地的经验，方法简便，群众比较熟悉，容易接受，推广应用的阻力比较小。其缺点是有地区局限性，较多依赖于经验，这种方法比较粗放，只适用于生产水平差异小，基础较差的地区。

三、目标产量配方法

目标产量配方法是根据作物产量构成，由土壤和肥料两个方面供给养分的原理来计算肥料的施用量。目标产量确定后，计算作物需要吸收多少养分，减去土壤提供的部分，就是应该施用的肥料。这是一种重要的配方方法，它是有产量观念与养分定量观念，目前发展为两种方法。

1. 养分平衡法

根据目标产量所需要的吸收养分量，通过对土壤养分的测定来计算土壤供肥量和肥料需要量，以达到求与供的平衡，故称为养分平衡法。我们可用斯坦福公式来表示它们之间的关系。

即根据作物产量的构成，由土壤和肥料两个方面供给养分的原理计算肥料的施用量，应用时由作物目标产量、作物需要量、肥料利用率和肥料中的养分含量等五大参数构成平衡法计量施肥用量。其基本公式为斯坦福(Stanford)公式：

$$\text{某营养元素的合理用量}=\frac{\text{一季作物的总吸收量}-\text{土壤供应量}}{\text{肥料中养分的当季利用率}}$$

(1)参数介绍

目标产量法又分养分平衡法和地力差减法两种，二者参数大体相同，只是在土壤供肥量上有所出入。

①作物目标产量。配方施肥的核心是要为一定产量指标施用适量的肥料。因此施肥必须有个产量标准，有此基础，方可作到计划施肥。其中“以地定产”较为常用。我国各地农作物“以地定产”的公式见表8－16。

表8－16　我国各地农作物“以地定产”的公式

作物	土壤类型	“以地定产”的公式	备注
水稻	水稻土	$y=1\,000x/(205+0.6x)$	浙江宁波、绍兴地区
水稻	水稻土	$y=100x/(35.8+0.062\,4x)$	安徽江淮水稻产区
小麦	黑栗土、黄白土	$y=100x/(13.1+0.001\,8x)$	安徽肥东稻区
玉米	旱地红壤	$y=100x/(472.6+0.74x)$	浙江金华丘陵旱地
玉米	棕壤、草甸土	$y=100x/(18.92+0.063x)$	沈阳市春玉米
水稻	草甸型水稻土	$y=100x/(20.11+0.058x)$	沈阳水稻

续表 8－16

作物	土壤类型	“以地定产”的公式	备注
玉米	棕壤、草甸土	$y=100x/(44.88+0.039x)$	辽宁棕壤、草甸土
高粱	棕壤、草甸土	$y=100x/(48.4+0.034x)$	辽宁棕壤、草甸土
水稻	水稻土	$y=1\,000x/(43.057+0.0316x)$	辽宁水稻土
玉米	草甸土	$y=1\,000x/(490+0.32x)$	吉林草甸土
小麦	潮土	$y=x/(0.185\,1+0.001\,9x)$	河南豫东
小麦	潮土	$y=x/(0.198+0.001\,7x)$	河南豫北
小麦	草甸土	$y=100x/(53.11+0.030\,1x)$	山西晋中盆地
小麦	黄绵土	$y=100x/(27.296+0.15x)$	陕西延安
小麦	石灰性灌淤土	$y=1\,000x/(201+0.827x)$	甘肃武威

②农作物需肥量。通常以下式来推算：

作物目标产量所需养分量(kg)

= 目标产量(kg)/100(kg)×百千克产量所需养分量(kg)

式中百千克产量所需养分量是指形成百千克农产品时该作物必须吸收的养分数量，可以通过对正常成熟的农作物全株进行养分化学分析来获得。也可参照表 8－15。

③土壤供肥量。指一季作物在生长期中从土壤中吸收的养分数量，养分平衡法一般是用土壤养分测定值来计算，其公式为：

土壤供肥量(kg/667m^2) = 土壤养分测定值(mg/kg)×0.15×校正系数

式中 0.15 为换算系数，即将 1 mg/kg(ppm)养分折算成每 667 m^2 土壤养分(kg/667 m^2)。150 000×1/1 000 000 = 15/100 = 0.15，0.15 被看作是一个常数，成为土壤养分的“换算系数”。注意用换算系数计算出来的量，并不是土壤供肥的绝对量，还必须用校正系数进行调整。

校正系数是作物实际吸收养分测定值的比值，常通过田间试验，用下列公式求得：

校正系数=空白产量/100×作物百千克产量养分吸收量/土壤养分测定值×0.15

地力差减法是通过空白产量来计算，其公式为：

土壤供肥量(kg/667m^2) = 土壤养分测定值(mg/kg)×百千克产量养分吸收量×1/100

④肥料利用率。指当季作物从所施用肥料中吸收的养分占施入肥料养分总量的百分数。试验证明这个数值会因作物种类、土壤肥力、气候条件和农艺措施以及施肥期、施肥量、施肥方法而发生变化。测定方法有同位素追踪法和田间试验差减法。同位素追踪法只能用于微区试验或盆栽试验。田间试验差减法可以推广到一般生产实践，其算

式为：

肥料利用率=[施肥区作物吸收养分量(kg/667m^2)－不施肥区作物吸收养分量(kg/667m^2)]/肥料施用量(kg/667m^2)/肥料养分含量(%)]

⑤肥料中的养分含量。

⑥有机肥料与化学肥料的换算。有三种换算方法。

a. 同效当量法：鉴于有机肥与化肥的当季利用率不同，通过试验，先计算出某有机肥所含养分相当于几个单位的化肥所含养分的肥效，这个系数称为“同效当量”，例如：有机氮的同效当量为：

同效当量=(有机氮处理产量－无氮处理产量)/(化学氮肥处理产量－无氮处理产量)

b. 产量差减法：即通过试验取得某一种有机肥单位施肥量的增产量，然后从目标产量中减去有机肥的增产部分，所得的产量是应施化肥才能得到的产量。

c. 养分差减法：在掌握有机肥料养分含量和有机肥料利用率的基础上可以采用这种方法：

有机肥料养分供应量(kg/hm^2)=有机肥料用量(kg/hm^2)×有机肥料养分含量(%)×有机肥料当季利用率(%)

(2)施肥量的确定

目标产量法又分养分平衡法和地力差减法

①养分平衡法。其施肥量确定公式为：

目标产量所需养分施肥量(kg/hm^2)=[总量(kg/hm^2)－土测值(mg/kg) ×2.25×校正系数]/肥料中的养分含量(%)/肥料当季利用率(%)

其优点为概念清楚，容易掌握；缺点是土壤供肥量的计算需通过田间试验取得校正系数加以调整，而且校正系数变异大，不易于搞准确。

②地力差减法。作物在不施任何肥料情况下所得到的产量，称为空白田产量或地力产量。它所吸收的养分，全部来自土壤，从目标产量中减去空白田产量，就是肥料所得的产量。其施肥量确定公式为：

施肥量(kg/hm^2)=[目标产量(kg/hm^2)/100(kg)－无肥区产量(kg/hm^2)/100(kg)×百千克作物产量吸收肥料量]/ 肥料中的养分含量(%)/肥料当季利用率(%)

这一方法的优点是：不需要进行土壤测定，解决了土壤测试的不稳定性问题。缺点主要是：a. 空白田产量不能预先获得；b. 空白田产量能代表多少面积难以说清；c. 空白田产量是构成产量诸因素的综合反应，无法分桥各种养分的具体丰缺状况，也就是无法确定哪一种养分是限制因子。同时易出现产量越高，归还土壤的养分越有可能不足，这就使得剥削地力的状况不能及时察觉，导致土壤养分亏损，地力下降，这是利用该法进行配方施肥时必须引起注意的。

四、田间试验配方法

田间试验配方法就是通过简易对比或应用正交设计，进行多点田间试验，从中筛选出最优的配比组合处理，确定各种肥料的用量，主要方法有：

1. 肥料效应函数法

肥料效应函数法即利用多因子、多水平设计的田间试验以求得产量与施肥的函数式，肥料效应函效法计算较繁，其系数受环境变化因子太多，在一个地区很难有一个固定模型，广大农民很难掌握，所以缺点也很明显。

2. 养分丰缺指标法

利用土壤养分和作物吸收养分之间存在的相关性，对不同作物进行田间试验，把土壤养分调定值划分成若干等级，制成养分丰缺及应施照料数量检索表。

我省各县、市、区农业主管部门时其所辖的农田土壤都有它们的养分丰缺指标，有的县还制成了“配方施肥通知书”、“处方单”送到农户，指导施肥。但是，必须指出，各种作物的养分丰缺指标是不相同的，即是说，适用于小麦的丰缺招标绝不能用于棉花。

该法的优点是直观性强，定肥简便，但精度较差。

3. 氮、磷、钾比例法

通过对一种养分的定量，然后按作物所需吸收各种养分之间的比例来确定其他养分的用量，如以氮定磷、钾、或以确定氮、钾等。如已知水稻氮、磷、钾营养比例为1：0.5：1.2，当水稻每亩施用氮肥(N)10 kg时，经济效益最佳，这样就可按水稻营养比例. 计算出每亩水稻氮(N)、磷(P_2O_5)、钾(K_2O)用量分别为10 kg、5 kg、12 kg。

要取得各种作物的营养比例，必须通过多因子或单因子的田间试验得出氮、磷、钾的最适用量，计算出三者之间的比例关系。确定其中一种养分的定量，再按各种养分之间的比例关系来决定其他养分肥料的用量。

这种方法的优点是较简单方便，工作量少，群众易掌握。但缺点明显，一是作物吸收养分的比例和应施肥料之间的比例是不相同的；一是取得的营养比例具有地块性和时间性。

以上方法，是当前推广配方施肥的基本方法；它们各有优缺点。所以，在应用时，应相互补充，取长补短。

交流研讨

1. 肥料合理分配的原则有哪些？

2. 试从作物营养特性和基肥、种肥、追肥的作用来说明基肥、种肥和追肥配合施用的科学道理。

3. 估算施肥量的步骤是怎样的?

4. 肥料混合的原则有哪些?

5. 配方施肥有哪三类六个基本方法?我省推广使用的主要方法是怎样的?

6. 有机肥料与天机肥科配合施用有何好处?

7. 地力分区配方法有何优缺点?

参考文献

[1] 鲁如坤.土壤农业化学分析方法[M].北京:中国农业科技出版社,2000.

[2] 韩劲.土壤肥料学[M].北京:气象出版社,2001.

[3] 颜景芝.土壤肥科学[M].北京:中国林业出版杜,2000.

[4] 李振陆.植物生产环境[M].北京:中国农业出版社,2006.

[5] 吴国宜.植物生产与环境[M].北京:中国农业出版社,2001.

[6] 崔晓阳,方怀龙.城市绿地土壤及其管理[M].北京:中国林业出版社,2001.

[7] 胡霭堂.植物营养学[M].北京:中国农业大学出版社,2003.

[8] 刘克锋.土壤肥料学[M].北京:气象出版社,2001.

[9] 陆欣.土壤肥料学[M].北京:中国农业大学出版社,2002.

[10] 范业宽,叶坤合.土壤肥料学[M].武昌:武汉大学出版社,2002.

[11] 李法虎.土壤物理化学[M].北京:化学工业出版社,2006.

[12] 李志宏,赵兰坡,窦森.土壤学[M].北京:化学工业出版社,2005.

[13] 谢德体.土壤肥科学[M].北京:中国林业出版杜,2004.

[14] 金为民.土壤肥料[M].北京.中国农业出版杜,2001.

[15] 沈其荣.土壤肥料学通论[M].北京.高等教育出版杜,2001.

[16] 宋志伟.土壤肥料学[M].北京:高等教育出版社,2005.

[17] 黄吕勇.土壤学[M].北京:中国农业出版社,2000.

[18] 吴礼树.土壤肥料学[M].北京:中国农业出版社,2004.

[19] 张辉.土壤环境学[M].北京:化学工业出版社,2006.